BIBLIOTHÈQUE DU CULTIVATEUR.

LES
ANIMAUX DOMESTIQUES,

ZOOTECHNIE GÉNÉRALE,

PAR

LEFOUR,

ANCIEN INSPECTEUR GÉNÉRAL DE L'AGRICULTURE.

SIXIÈME ÉDITION.

33 GRAVURES

PARIS,

LIBRAIRIE AGRICOLE DE LA MAISON RUSTIQUE,

26, RUE JACOB, 26.

ANIMAUX DOMESTIQUES

TYPOGRAPHIE FIRMIN-DIDOT. — MESNIL (EURE).

BIBLIOTHÈQUE DU CULTIVATEUR

ANIMAUX DOMESTIQUES

ZOOTECHNIE GÉNÉRALE

PAR

LEFOUR

INSPECTEUR GÉNÉRAL DE L'AGRICULTURE

SIXIÈME ÉDITION

PARIS

LIBRAIRIE AGRICOLE DE LA MAISON RUSTIQUE
26, RUE JACOB, 26
1881

ANIMAUX DOMESTIQUES

LIVRE Iᵉʳ. — ZOOLOGIE AGRICOLE

CHAPITRE Iᵉʳ. — DÉFINITIONS ET IDÉE GÉNÉRALE DE L'ANIMAL.

La **Zoologie** étudie l'organisation et les habitudes des animaux.

La **Zootechnie** applique ces études au développement des aptitudes et des produits des animaux *utiles* à l'homme, ou à la destruction des animaux *nuisibles*.

Parmi les animaux *utiles*, plusieurs sont, de sa part, l'objet de soins continus en ce qui concerne leur nourriture et leur reproduction : ce sont les *animaux domestiques ;* généralement on n'applique ce nom qu'à un certain nombre d'animaux de la classe des mammifères et des oiseaux, qui se rapprochent un peu des habitudes de l'homme et vivent près de lui.

Classification générale des principaux animaux utiles ou nuisibles.

PREMIÈRE BRANCHE. — ANIMAUX VERTÉBRÉS.

1ʳᵉ *Classe.* — **Mammifères**. Caractères généraux : vivipares, organes de lactation, circulation du sang complète ; poils. Parmi les mammifères utiles, on trouve : dans l'ordre des *pachydermes,* c'est-à-dire des animaux dont l'extrémité des doigts est entièrement enveloppée par l'ongle constituant ainsi un sabot, et qui en outre n'ont qu'un seul estomac, le cheval, l'âne, le mulet, le cochon ; dans l'ordre des *rumi-nants,* qui se distingue du précédent par les quatre estomacs dont sont pourvus les individus de cet ordre, le bœuf, le mouton, la chèvre, et, en outre, le chameau, la vigogne, le bison, qui n'appartiennent pas à notre climat ; dans l'ordre des *carnassiers,* caractérisés par leur système de dents complet (molaires, incisives et canines) et leur mode d'ali-mentation, le chien et le chat.

2e *Classe.* — **Oiseaux.** Caractères : ovipares, point d'or-ganes de lactation, circulation complète, respiration double, plumes. Oiseaux domestiques et utiles : gallinacés, poules, oies, canards, etc.; nuisibles : vautours, corbeaux, etc.

3e *Classe.* — **Reptiles.** Caractères : sang froid, circula-tion incomplète, cœur à trois divisions, écailles. Utiles : tor-tue ; nuisibles : serpents.

4e *Classe.* — **Batraciens.** Caractères : métamorphoses dans le jeune âge, corps nu ; grenouilles, crapauds, etc.

5e *Classe.* — **Poissons.** Caractères : respiration par branchies, cœur à deux lobes, écailles. Poissons utiles : per-che, carpe, anguille, saumon, etc.

DEUXIÈME BRANCHE. — ANIMAUX NON VERTÉBRÉS : système nerveux central composé d'une série de ganglions réunis par paires en une chaîne droite sur la partie médiane ; pas de squelette intérieur ; ANNELÉS, se divisant en animaux articulés ayant des organes de locomotion articulés, com-prenant les classses 6, 7, 8, 9, et les VERS.

6e *Classe.* — **Insectes.** Caractères : respiration aérienne par trachées, tête, thorax, etc.; abdomen distinct, trois paires de pattes. Insectes utiles : abeille, ver à soie, etc.; nuisibles : sauterelles, taupin, eumolpe, etc.

7e *Classe.* — **Myriapodes.** Caractères : corps composé d'une tête et d'une série d'anneaux ; vingt-quatre paires de pattes et plus. Myriapodes nuisibles : scolopendre.

8e *Classe.* — **Arachnides.** Caractères : tête confondue avec le thorax. Araignées.

9e *Classe.* — **Crustacés.** Respiration aquatique par branchies : crabe, écrevisse, crevette.

Les VERS renferment :

10e *Classe.* — **Annélides,** auxquels appartiennent les sangsues, les lombrics ou vers de terre.

11e *Classe.* — **Helminthes,** parmi lesquels les ascarides, les strongles, dont la présence à l'intérieur des organes des animaux produit des effets funestes.

12e *Classe.* — **Turbellariées,** dont on peut citer les douves.

13e *Classe.* — **Cestoïdes,** dont le tœnia ou ver solitaire est un des plus connus.

14e *Classe.* — **Rotateurs,** sans intérêt agricole.

Nous insisterons peu sur les deux autres branches du règne animal, les MOLLUSQUES et les ZOOPHYTES, dont le plus grand nombre vit dans la mer et n'a pour l'agriculture qu'une importance très-secondaire ; des douze classes qui composent ces deux branches, savoir : dans la première, les **céphalopodes,** les **ptéropodes,** les **gastéropodes,** les **acéphales,** les **tuniciers,** les **brizoaires,** les **échynodermes,** les **acalèphes,** les **polypes,** les **infusoires** et les **spongiaires,** on signalera seulement les limaçons appartenant aux gastéropodes, l'huître, la moule, faisant partie des acéphales.

Les mammifères jouent le rôle important dans l'économie agricole, comme force et comme produits. Ils seront d'abord l'objet de notre étude au point de vue anatomique et physiologique. Dans notre volume, *Sol et engrais,* page 30, on a touché la question chimique.

CHAPITRE II. — COMPOSITION DU CORPS DE L'ANIMAL.

Des parties, soit solides, pénétrées de plus ou moins d'eau, comme les os, la chair, la peau, etc., et des parties liquides à des degrés variables de densité, tels que le mucus, la salive, la bile, etc., constituent le corps de l'animal.

Les parties solides prennent le nom de *tissus*. Par leur réunion, elles forment les *organes* ou instruments à l'aide desquels s'exercent les diverses *fonctions*.

Tissus. Le tissu *cellulaire* est l'élément principal de l'organisation ; c'est une substance blanchâtre, demi-transparente, très-élastique, qui se compose de lamelles et de filaments entrecroisés dans différents sens, de manière à laisser entre eux des lacunes ou cellules de grandeur variable.

Ce tissu entoure les organes, les réunit et les sépare tout à la fois, pénètre dans leur intérieur, et enveloppe chacune de leurs fibres élémentaires. Il est également perméable aux liquides et aux substances gazeuses.

C'est dans son épaisseur que se dépose la graisse ; l'engraissement devient plus ou moins facile, suivant qu'il est plus abondant et moins dense. Ce tissu est ordinairement imbibé d'un liquide aqueux chargé de particules albumineuses, connues sous le nom de sérosités.

Le tissu *adipeux* diffère du tissu cellulaire en ce qu'il forme des espèces de vessies accolées entre elles, soit vides, soit remplies d'un suc ou d'une matière particulière, la graisse.

Le tissu *musculaire* est composé de fibres communément contractiles ; les muscles, principaux organes du mouvement, sont formés de ce tissu.

Le tissu *nerveux* est une substance molle et blanchâtre qui constitue le cerveau, la moelle épinière et les nerfs.

Le tissu *osseux* est cette substance solide et d'une structure soit *spongieuse*, soit *compacte*, en grande partie formée de phosphate de chaux, qui constitue les principaux éléments du squelette.

Le tissu *cartilagineux* semble n'être qu'une modification du précédent : c'est une ossification incomplète ; il s'observe en effet à l'extrémité des os ; plus souple, plus flexible, il facilite le mouvement des articulations ; les cartilages du nez, des oreilles, donnent une idée de ce tissu.

Le tissu *fibreux* se présente sous deux aspects ; quelquefois il est d'un blanc brillant, nacré, disposé en fibres allongées ou aplaties, douées d'une grande ténacité : tels sont les ligaments et les tendons que le vulgaire nomme improprement *nerfs* ; d'autres fois le tissu fibreux est d'un blanc plus mat et même jaunâtre.

Les ligaments et les tendons sont du *tissu fibreux blanc* ; le ligament cervical est du *tissu fibreux jaune* ou *élastique*.

Le tissu *séreux* apparaît généralement sous la forme de membranes fines, transparentes, composées de lamelles fort minces, qui sont très-répandues dans l'économie ; sous le nom de plèvre et de péritoine, elles tapissent la poitrine et la cavité abdominale, forment le mésentère, cette membrane appelée *toilette* par les bouchers ; enfin elles entourent le cerveau.

Les *membranes muqueuses*, assez analogues aux précédentes, sont celles qui tapissent ordinairement les parties de certains organes, exposés ou non à l'action de l'air, telles que les fosses nasales, la bouche, etc.

On donne le nom de *système vasculaire* aux vaisseaux, tels que les veines, les vaisseaux lymphatiques, qui charrient dans l'intérieur du corps les divers liquides propres à l'organisme.

Enfin, sous le nom de *système tégumentaire*, on comprend l'ensemble des membranes qui enveloppent extérieurement et intérieurement les animaux.

1.

Ce système est constitué par la peau et les membranes muqueuses, avec lesquelles celle-ci se continue partout.

CHAPITRE III. — APPAREILS ET FONCTIONS.

L'espèce d'action, qu'un organe est destiné à produire, se nomme *fonctions* ; la réunion de plusieurs organes concourant à produire un ensemble de fonctions forme un *appareil*. On divise les fonctions en trois grandes classes auxquelles se rattachent les divers appareils dans l'ordre suivant :

1o Fonctions de relation, appareils des sens et appareil de locomotion ;

2o Fonctions de nutrition, appareil digestif, urinaire, respiratoire et circulatoire ;

3o Fonctions de reproduction, appareil de la génération.

SECTION Ier. — FONCTIONS DE RELATION ET DE MOUVEMENT.

Les organes qui mettent l'animal en relation avec les objets extérieurs sont d'abord les organes des sens, au nombre de cinq, le *toucher*, le *goût*, l'*odorat*, l'*audition* et la *vue* ; mais ces organes eux-mêmes ne sont que les divers modes de manifestation de la *sensibilité*, qui réside dans un organe central unique, le *cerveau* et le système nerveux qui en dépend. Les objets extérieurs produisent à l'aide des sens sur le cerveau une *sensation*, dont le résultat est de déterminer la *volonté* de l'animal et de le porter à exécuter un mouvement ou une fonction quelconque. Ainsi une touffe d'herbe frappe la vue d'un bœuf ; le nerf qui correspond de l'œil au cerveau lui transmet cette sensation ; cet organe, obéissant à l'instinct de la nutrition ou plutôt à une autre sensation intime, celle de l'appétit, réagit sur les muscles du mouvement

par l'intermédiaire des nerfs qui correspondent à ces organes ;
les muscles se contractant font mouvoir par l'action des os
les membres de l'animal, et le portent vers l'objet qu'il veut
saisir.

De cet exemple, il résulte que les organes du mouvement,
c'est-à-dire les *os* et les *muscles*, sont principalement les organes intermédiaires de relation.

§ 1. — *Charpente osseuse et squelette.*

Toutes les parties molles et flexibles du corps de l'animal
sont soutenues par une espèce de charpente formée par les
os, pièces solides articulées symétriquement entre elles, pro-
tégeant des cavités où se logent les principaux organes, et
fournissant un point d'appui à tout l'appareil du mouvement.
Cette charpente a reçu le nom de *squelette.*

Les os sont de formes variées, longs, courts, plats, cylin-
driques ; ils sont entourés d'une enveloppe appelée *périoste ;*
c'est dans le périoste que réside surtout la vitalité de l'os ;
c'est par lui que s'opèrent son accroissement et ses altérations. Les os contiennent ordinairement 50 à 60 pour 100 de
matière organique, et de 40 à 50 de sels calcaires, dont le
phosphate de chaux forme la plus grande partie. La pesanteur spécifique ou la densité des os varie beaucoup ; il en est
de même de leur solidité ; les os des jeunes animaux sont
spongieux ; ceux des vieux plus lourds et plus cassants. La
solidité des os n'est pas toujours en raison de leur grosseur ;
la densité de leur tissu ajoute à leur force ; la petitesse des
os est un indice de finesse de race ; le poids des os est ordinairement en proportion de la taille, et on a trouvé (en os
frais) dans le cheval 10 pour 100 du poids vif, dans le bœuf
7 à 8 pour 100 ; mais l'état d'embonpoint fait évidemment
varier ce rapport.

Les os sont assemblés entre eux par des articulations *fixes*
où *mobiles ;* les premières sont tantôt réunies par une espèce

de *soudure*, et tantôt s'engrènent par leurs bords en formant une *suture* (les os de la tête, par exemple); dans les articulations mobiles, les points en contact, tantôt glissent l'un sur l'autre; ce sont des articulations par *condyle ;* exemple : la mâchoire inférieure dans son articulation avec le *temporal ;* tantôt ils agissent comme une *poulie ;* telle est l'articulation du jarret.

M. Chauveau résume ainsi le nombre des os des divers animaux domestiques :

	Cheval.	Ruminants.	Porcs.	Chien.
Vertèbres cervicales	7	7	7	7
Vertèbres dorsales . . , ...	18	13	14	14
Vertèbres lombaires	6	6	7	7
Coccygiens et sacrum	13	18	13	15
Tête (et os hyoïde).	28	28	20	28
Thorax	27	27	29	27
Épaule	2	2	2	2
Bras.	2	2	2	2
Avant-bras	4	4	4	4
Pied antérieur	32	40	72	72
Hanche	2	2	2	2
Cuisse.	2	2	2	2
Jambe.	6	6	6	6
Pied postérieur	30	38	72	64
TOTAUX.	179	195	252	252

On divise le squelette en *tête, corps* et *membres.*

A. — Tête.

La tête comprend le crâne et la face.

Le crâne est composé de 7 os soudés entre eux de manière-à former une boîte osseuse qui renferme le cerveau. Ces os sont, en partant du point où la tête s'articule au tronc, l'*occipital a* (fig. 3), le *pariétal b*, le *frontal c*. Cet os, très-développé dans la tête du bœuf, est remarquable par les cavités dites *sinus frontaux ;* ces sinus augmentent l'épaisseur de l'os et protègent le cerveau contre les chocs violents et les coups. Le frontal du bœuf, base du *chignon*, porte de chaque côté une cheville osseuse *d* destinée à fixer les cornes. Laté-ralement, le crâne est cios par les deux *temporaux e*, dans

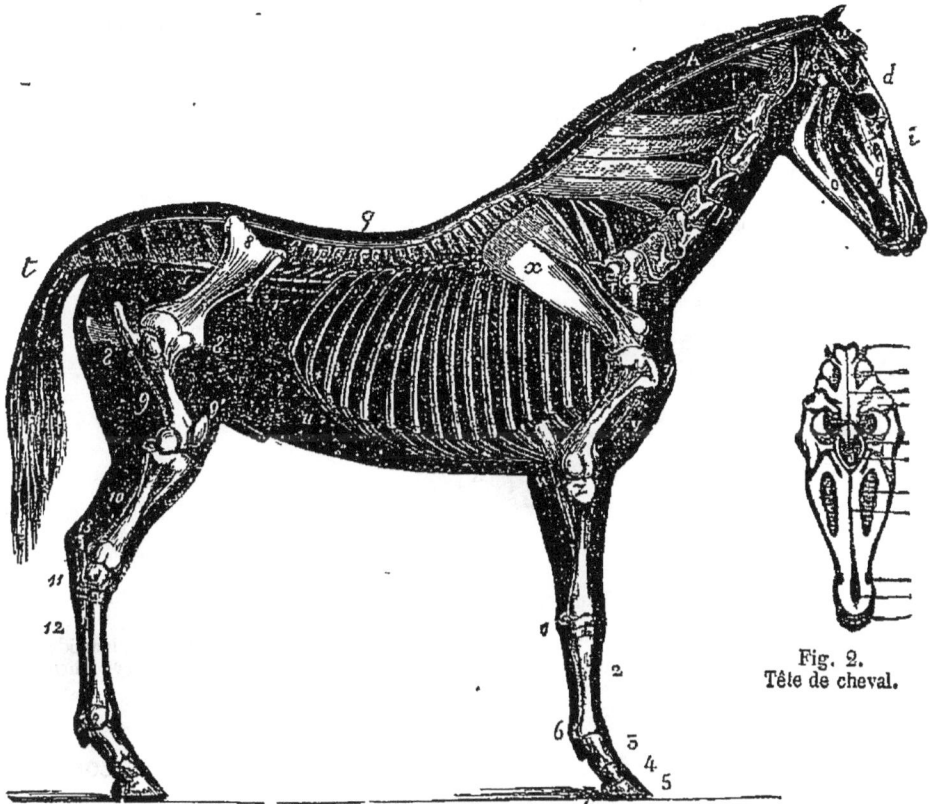

Fig. 1. — Squelette de cheval.

Os de la tête : a occipital, b pariétal, *d'* sphénoïde, d frontal, f temporaux.
Os de la face : q' grands susmaxillaires, partie inférieure et molaires, *h* petits susmaxil-laires, *h'* crochets, *h''* incisives, i susnazeaux, c lacrymaux, k zygomatiques.
Os intérieurs : l palatins, m ptérygoïdiens, n vomer, o os maxillaire.
Os du tronc : p vertèbres cervicales, q vertèbres dorsales, r vertèbres lombaires, s sa-crum, t os coccygiens, u côtes, v sternum, A ligament cervical.
Os des membres : membres antérieurs, x épaule, *y* humérus, *z* cubitus, *w* olécrane, 1 os métacarpiens, 2 os du canon, 3 os du paturon, 4 os de la couronne, 5 os du pied, 6 grand sésamoïde, 7 petit sésamoïde. — *Membres postérieurs,* os coxaux, 8 région de l'ilium, 8' de l'ischion, 8'' région pubienne, 9 fémur, 9' rotule, 10 tibia, 11 os méta-tarsiens, 12 péronés, 13 calcanéum.

Fig. 2.
Tête de cheval.

chacun desquels s'ouvre le tuyau auditif ; inférieurement, par le *sphénoïde f ;* enfin, en avant, par l'*ethmoïde g,* os spon-gieux à cloison lamellaire qui sépare les fosses nasales du crâne.

La face est composée de 17 os, dont 16 pairs, unis par des sutures, et qui sont, extérieurement, 2 *grands susmaxillaires h*, offrant à leur intérieur des *sinus* très-développés et portant les molaires ; 2 *petits susmaxillaires i* prolongeant là mâchoire supérieure, et portant, dans le cheval, les crochets et les incisives, devenant dans les ruminants la base du bourrelet qui les remplace ; 2 *susnazeaux k* ; 2 *lacrymaux*, et 2 *zygomatiques* (visibles dans la figure 1), concou-

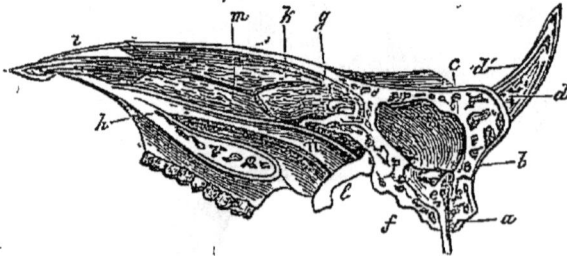

Fig. 3. — Coupe de la partie antérieure de la tête du bœuf.

a occipital, *b* pariétal, *c* frontal, *d* cornillon, *d'* cornes, *e* temporal rocher, *f* sphénoïde, *g* ethmoïde, *h* grand susmaxillaire, *i* petit susmaxillaire, *k* susnazeaux, *l* ptérygoïdien, *m* cornets, *n* vomer.

rant à former tous deux, inférieurement, l'orbite que complète l'apophyse orbitaire du frontal à la partie supérieure.

A l'intérieur on trouve 2 *palatins*, base de la voûte du palais, et les *ptérygoïdiens l* (fig. 1), qui ne sont en quelque sorte que les appendices de ceux-ci ; 2 *cornets m*, l'un supérieur, l'autre inférieur, et le *vomer n*, os mince et allongé qui sépare les cornets à leur base et leur sert de support ; enfin, l'*os maxillaire o* (fig. 1). Cet os s'articule avec la mâchoire supérieure ; il protége par deux branches les organes essentiels de la nutrition et de la respiration ; comme la mâchoire supérieure, il porte des dents molaires *g'*, des crochets *h'*, et des incisives *h''*. L'espace interdentaire sert de base aux *barres* où s'appuie le mors. Chez le bœuf, le bord maxillaire, plus tranchant, rendrait, si on voulait l'employer, l'application du mors trop douloureuse. On rattache à la région de la

tête l'*os hyoïde*, qui protége le *larynx*, l'origine de la trachée, et sert d'attache à des muscles destinés au jeu de la
langue et de la déglutition. (Voir fig. 12).

B. — Tronc.

Le corps ou tronc du squelette a pour base la colonne
vertébrale, longue tige flexible ; c'est l'axe de symétrie du
corps entier, partant de la tête jusqu'à l'extrémité de la queue,
et qui est formé par une série de petits os détachés pour la
plupart, mais s'articulant solidement entre eux par trois
points de contact au moyen de faces et de saillies, et assujettis par de forts ligaments. Un grand ligament dit *ligament
cervical* A (fig. 1) relie ces vertèbres dont le centre est percé
d'une ouverture qui constitue le *canal rachydien* par lequel
passe la moelle épinière, prolongement du cerveau. On partage les vertèbres en 3 groupes.

Les vertèbres *cervicales p* (fig. 1) appartiennent à la région
du cou ou de l'encolure. La première, qui s'articule avec la
tête, est l'*atlas ;* la deuxième est nommée *axis*. Ces deux vertèbres jouissent d'une plus grande mobilité que les autres ;
il en est de même des deux dernières, remarquables surtout
dans le bœuf ; la sixième par deux apophyses destinées à
protéger la trachée, et dites *trachéliennes ;* la septième par
l'éminence osseuse qu'elle porte à
sa partie supérieure, et qui lui a
fait donner le nom d'épineuse.

Les vertèbres *dorsales* s'articulent avec les *côtes u* qui sont ainsi
en nombre double de ces vertèbres.

La figure 4 représente deux vertèbres dorsales et la côte articulée
avec elles : *a* corps, *b* apophyse épineuse s'attachant au ligament cervical, *c* apophyse transverse, *dd* apo-

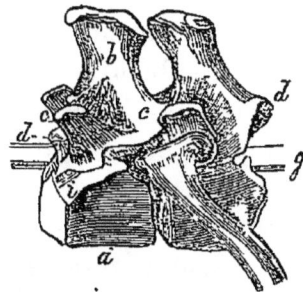

Fig. 4. — Vertèbres dorsales.

physes articulaires ; la surface *d* s'articule avec *d'; g* côte s'articulant entre avec les deux vertèbres au moyen de 3 ligaments qui partent de la tête de la côte : deux se fixent à chaque vertèbre, et la troisième passe entre elles pour s'attacher à la côte opposée.

Les six vertèbres *lombaires r* (fig. 1) servent en quelque sorte de voûte aux reins et en déterminent la largeur ; leurs apophyses *transverses* sont plus développées ; leur longueur correspond à celle du flanc. A la suite de ces vertèbres, le *sacrum s*, qui offre l'aspect de plusieurs vertèbres soudées entre elles, et les os du *coccyx t*, espèces de petites vertèbres dont la série forme la base de la queue.

La colonne vertébrale surmonte trois grandes cavités, la *poitrine*, le *ventre* ou *abdomen*, et le *bassin*, destinées à loger la plupart des principaux organes. Ces organes se trouvent ainsi suspendus à une longue tige flexible supportée elle-même par les quatre membres, dont les rayons sont assemblés comme des ressorts élastiques ; ils restent sans cesse dans une position stable et bien équilibrée, à l'abri de l'ébranlement et des réactions que pourraient leur faire subir des mouvements trop violents et trop brusques.

La cavité de la *poitrine* ou le *thorax* figure une espèce de cône tronqué, à section elliptique, formé par les *côtes u* et le *sternum v*. Les *côtes*, espèces de portion de cerceau, s'articulent à la partie supérieure avec les vertèbres dorsales qui en portent une de chaque côté : de manière que le cheval a 36 côtes, le bœuf et le mouton 26, le porc 28. Une partie de ces côtes, savoir, 8 dans le cheval, le bœuf et le mouton, 6 dans le porc, s'attachent inférieurement au sternum et prennent le nom de *sternales ;* les autres viennent aboutir à des prolongements cartilagineux, dont chacun s'appuie sur le précédent, le premier s'arrêtant au sternum, et qui longent les bords de la cavité thoracique. On nomme ces côtes *asternales*, ou encore fausses côtes ; elles sont beaucoup plus mobiles que les premières. Les côtes sont, dans le bœuf, beaucoup plus larges et plus courbées en haut que dans le cheval. Le *sternum* est un os cartilagineux, étroit, plat et allongé, se recourbant en avant vers le milieu du poitrail; chez le bœuf, cette courbure marque dans le sternum une séparation en deux portions dont la supérieure est pourvue d'une certaine mobilité.

Le *ventre* n'a pas d'os qui concourent à former sa cavité, quoique les côtes asternales le protégent en partie. Le *bassin*, au contraire, est circonscrit par des os très-puissants, les *coxaux* (8, 8' et 8'', fig. 1). Ces os pairs, dont la réunion constitue à proprement parler la cavité du bassin, sont très-contournés et présentent à l'extérieur des protubérances et des angles dont les uns, sous le nom de région de l'*ilium* (8), servent de base à la *croupe* et à la *hanche,* et dont les autres appartiennent à la région de l'*ischion* (8'') et déterminent la pointe de la fesse. La région inférieure des coxaux, appelée *pubienne* (8') correspond intérieurement à la vessie et au col de l'*utérus;* extérieurement, elle offre une cavité dite *cotyloïde,* ou en écuelle, où s'articule la tête de l'os de cuisse. La conformation du bassin a une grande influence sur la forme extérieure, la largeur des hanches, le développement des muscles postérieurs, etc., etc.

C. — Membres.

Les *os des membres* sont réunis de manière à former quatre colonnes dont les rayons sont articulés entre eux un peu obliquement, pour amortir l'effet des réactions du mouvement. Il y a deux membres antérieurs et deux membres postérieurs; on les divise encore en membres droits et en membres gauches, correspondant aux mêmes membres chez l'homme.

Les os des membres antérieurs sont : le *scapulum x* (fig. 1) ou *omoplate,* base de l'épaule; cet os, plat, triangulaire, s'applique obliquement à la partie antérieure latérale de la poitrine; il se termine à son bord extérieur, très-élargi, en un cartilage fibreux ; il est attaché au tronc par des muscles très-puissants. Sur sa face antérieure se remarque une grande crête allongée, dite *acromion*, ayant sur son milieu une tubérosité pour l'insertion des muscles, tubérosité plus saillante chez le bœuf que chez le cheval.

Le *scapulum* s'articule à sa partie inférieure avec l'*humérus* ou os du *bras* qui, dans le cheval et le bœuf, n'est pas détaché comme chez l'homme, mais caché sous les muscles et la peau, et fait, en quelque sorte, partie de l'épaule. On y remarque deux éminences : le *trochin* et le *trochiter*, servant à l'insertion des muscles.

L'os de l'avant-bras ou *cubitus z* s'articule supérieurement avec l'*humérus*, à l'aide d'une espèce de poulie formée par le prolongement d'un appendice, l'*olécrane w*, qui représente la pointe du coude ; cet os, soudé au cubitus, offre chez le bœuf un petit prolongement correspondant au cubitus de l'homme.

Le *cubitus* s'appuie sur deux rangées de petits os appelés *carpiens*, 1, au nombre de 7 dans le cheval, de 6 dans le bœuf ; l'un de ces os, qui fait saillie en arrière, prend le nom d'*os crochu*. Ces os, qui s'articulent par des ligaments et des capsules ligamenteuses, fortes et nombreuses, avec l'os de la jambe et du canon, et renferment plusieurs capsules synoviales, sont la base du *genou*.

Les *os du canon* ou *métacarpiens* sont au nombre de trois dans le cheval : l'os du canon proprement dit, 2 (fig. 1), et deux petits os allongés, nommés *péronés*, se terminant inférieurement en deux petites tubérosités ou boutons osseux. Ces os sont accolés à la partie postérieure du canon ; ils n'existent ni dans le bœuf, ni dans le mouton ; dans le cochon, au contraire, les os métacarpiens sont au nombre de quatre. Ces os représentent ceux des doigts ou phalanges chez l'homme.

A la suite du canon viennent les os de la région dite *digitée*, dont le premier est l'*os du paturon* ou premier phalangien, 3 ; le deuxième, l'*os de la couronne* ou second phalangien, 4; le troisième, l'*os du pied* ou troisième phalangien, 5; derrière l'os du paturon, à son articulation avec l'os du canon, sont des osselets appelés grands *sésamoïdes*, 6, au nombre de deux dans le cheval, de trois dans le bœuf; ils servent de gouttière pour le passage d'un tendon très-puissant. Le troisième os forme l'ergot du bœuf. Le boulet est ainsi formé de la tête de deux os et des grands sésamoïdes.

L'os du pied est complètement couvert par le sabot; à sa partie postérieure est un petit os dit petit *sésamoïde* ou *naviculaire*, 7.

Chez les didactyles, les os phalangiens sont doubles, et chez le cochon, le chien et le chat, ils sont quadruples.

Membres postérieurs: de même que les membres antérieurs du cheval représentent les membres supérieurs, l'épaule, le bras, les mains de l'homme, de même les membres postérieurs représentent les membres inférieurs. Le premier os, le *fémur*, 9, ou os de la cuisse, s'articule par une tête arrondie, un ligament capsulaire et d'autres ligaments très-forts, avec l'os du bassin, de manière que la tête ne peut (chez le cheval surtout) sortir que très-difficilement de la cavité cotyloïde dans laquelle elle joue. Chez les monodactyles, les bords de la cavité, moins relevés, et l'absence d'un ligament dit *pubio-fémoral* rendent cet accident plus facile. Le fémur présente, dans sa longueur, deux éminences : l'une extérieure, appelée *trochanter*, l'autre intérieure, *trochantin*, servant à l'attache de muscles destinés à faire tourner la cuisse.

Le *fémur* s'articule avec le *tibia* 10, base de la jambe, os également long et creux, qui, dans le porc et le chien, est accompagné d'un second os, dit *péroné*, comme chez l'homme; ce péroné, qui se réduit à un appendice chez le cheval, disparaît chez le bœuf et le mouton. A l'articulation de l'os de la cuisse et de celui de la jambe existe la *rotule* 9', base du grasset; l'os est maintenu appliqué sur la surface inférieure du fémur par des ligaments.

Le *tibia,* comme le cubitus, s'unit à l'os du canon par l'intermédiaire de six petits os, 11, superposés en deux rangées. L'un de ces os, appelés *tarsiens,* est le *calcaneum,* 13, qui répond à la pointe du jarret ; un autre, qui chez le mouton est l'osselet avec lequel jouent les enfants, prend le nom de *poulie* ou *astragale;* les autres sont deux os plats et deux irréguliers.

Les os du canon sont appelés ici *métatarsiens,* 12 ; ceux de la couronne, du paturon et du pied sont les mêmes que ceux décrits à l'occasion du membre inférieur.

§ 2. — *Des muscles.*

A. — Système musculaire du cheval.

Les muscles constituent la plus grande partie de la masse solide du corps, 39 à 40 pour 100 du poids brut ; ce qu'on nomme, à proprement, parler la *chair* des animaux, en est formé. La chair musculaire ne contient, toutefois, en *fibres,* base du muscle, qu'une portion de son poids ; le reste est de l'albumine, de la graisse, des vaisseaux, des nerfs, du sang auquel le muscle doit sa couleur rouge. Elle renferme, en outre, 60 à 75 pour 100 d'eau. Les formes des muscles sont ordinairement variées ; cependant ce sont, en général, des faisceaux, tantôt allongés, tantôt aplatis, triangulaires, pyramidaux, dentelés, etc., etc. ; leurs fibres jouissent d'une grande puissance contractile : l'une de leurs extrémités est ordinairement plus grosse et plus charnue, tandis que l'autre, plus mince, se termine par une espèce de corde très-résistante, désignée sous le nom de *tendon.* De fortes membranes fibreuses, appelées *aponévroses,* concourent, en enveloppant certains muscles, à augmenter leur solidité.

Les muscles se trouvent dans toutes les parties du corps : les plus grandes masses musculaires sont à l'extérieur et concourent à déterminer les formes. La plupart ont leur point d'attache sur les os ; quelques-uns cependant sortent de cette règle : tels sont ceux qui garnissent certaines ouvertures, l'anus, la bouche et le vagin; ceux qui constituent des organes particuliers, le cœur, le gésier des oiseaux, etc.

Chaque muscle est, en général, attaché par deux points opposés, dont l'un est entraîné par l'effet de la contraction des fibres, pendant que l'autre reste fixe; la force des muscles dépend de la quantité de ces fibres ; la grosseur d'un muscle n'implique pas toujours sa force ; le tissu musculaire est plus ou moins pénétré par d'autres substances, du tissu cellulaire, du sang, de l'albumine, etc.

La longueur des muscles agit sur la vitesse des mouvements, en favorisant l'étendue des contractions ; les masses musculaires sont en raison des efforts à produire : c'est ainsi qu'on voit se développer chez le taureau les muscles du cou, chez le cheval les muscles de la croupe ; l'exercice développe les muscles. Les muscles se distinguent en *pairs* ou *impairs;* en *congénères* quand ils concourent à produire un même effet, en *antagonistes* quand leurs effets sont opposés, par exemple les *fléchisseurs* opposés aux *releveurs ;* suivant le mouvement qu'ils produisent, on les nomme *élévateurs, abaisseurs,* etc. On compte plus de 300 muscles, ayant chacun leur nom, différant suivant les auteurs. On indiquera seulement les principaux groupes et leurs usages connus les plus importants.

Lorsqu'un animal, un cheval par exemple, a été dépouillé de sa peau ou qu'il est *écorché,* on voit (ainsi que le représente la fig. 5) se dessiner, s'il est maigre surtout, un grand nombre de saillies arrondies, allongées, se croisant en divers sens : ce sont les muscles extérieurs, sous lesquels s'engagent d'autres faisceaux musculaires placés plus profondément, et qui, dans quelques parties du corps, comme aux cuisses, aux épaules, au cou, prennent une épaisseur et un poids considérables.

Tous ces muscles impriment le mouvement, soit en certaines parties du corps, soit à l'ensemble de quelques régions.

Parmi les muscles exerçant une action générale puissante, on peut citer d'abord ceux de la colonne vertébrale : le *grand dorsal* 1 (fig. 5) ; le *long dorsal*, qu'il recouvre, ainsi que les *transversaires épineux* ; ces muscles redressent ou fléchissent le rachis, soulèvent le corps, le jettent en avant ou en arrière. Les grands muscles du garrot et de l'encolure ; le

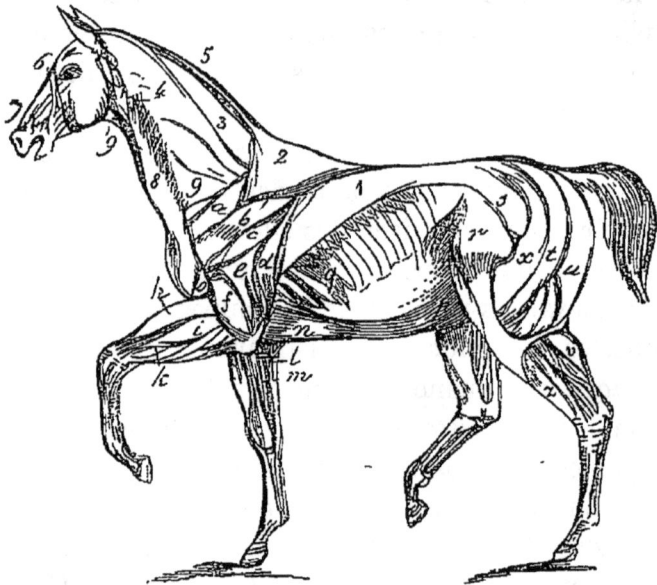

Fig. 5.

1 Grand-dorsal ou ilio-spinal, 2 trapèze, 3 releveur de l'épaule, 4 splénius, 5 ligament cervical, 6 susnazo-labial, 7 grand susmaxillo-labial, 8 commun au bras, au cou et à la tête, ou mastoïdo-huméral, 9 grand dentelé de l'épaule, 9' sterno-maxillaire ; *a* susépineux, *b* grand abducteur scapulo-huméral, *c* long abducteur, *d* gros extenseur de l'avant-bras, *e* court extenseur, *f* long fléchisseur, *h* extenseur antérieur du canon, *i* extenseur intérieur des phalanges, *k* extenseurs obliques, *l* perforants, *m* fléchisseur du canon, *n* grand pectoral, *o* court fléchisseur de l'avant-bras, *q* grand dentelé et plus bas oblique de l'abdomen, *r* fascia-lata, *s* moyen fessier, *t* long vaste, *u* demi-tendineux et demi-membraneux, *v* jumeaux de la jambe, *x* grand fessier, *z* extenseur du canon, *v* et *z* fléchisseur du canon extenseur latéral du pied.

trapèze 2 ; le *releveur de l'épaule* 3; le *splénius* 4; le *dentelé de l'épaule* 5 ; le *commun* au bras, au cou et à la tête 6; et au-dessous de ceux-ci, le *grand-complexus*, le *sterno-maxillaire*, 9, aident à cette action, agissent sur l'encolure et en même temps sur les membres extérieurs ; c'est ainsi que par la solidarité du *commun à la jambe, au cou et à la tête*, la bride affermit la marchè du cheval en maintenant ferme ce dernier organe.

Les principaux muscles du bassin et de la croupe sont : le *moyen fessier x*, le *long vaste* et le *vaste externe*, au-dessous. Le *grand fessier s*, grosse masse musculaire, recouverte par les premiers, le *demi-tendineux* et le *demi-membraneux*, ont également une action énergique et générale dans les mouvements généraux de la marche, du saut, de la ruade, etc.

Au nombre des muscles dont l'action locale est plus ou moins étendue, nous trouvons le *grand oblique de l'abdomen*, et tout près, le *grand dentelé q*, les *costaux* et les *intercostaux*, qui servent à élargir ou à resserrer la poitrine dans la respiration, à renfermer les viscères dans une enveloppe élastique et solide.

Les muscles augmentent encore de masse et de puissance pour le mouvement des membres. La cuisse est toute formée des muscles ; outre ceux déjà cités, les *jumeaux v*, et beaucoup d'autres plus ou moins profonds ou superficiels, à l'aide de longs tendons, fléchissent, étendent en avant, en arrière, ou latéralement, la jambe, le canon, le pied. Les muscles des membres antériéurs, généralement moins volumineux, mais plus tendineux, remplissent des fonctions analogues ; l'un d'eux , très-fort , le *rhomboïde* , concourt à fixer sur le tronc l'épaule sous laquelle il est placé. Sur le scapulum viennent s'appliquer le *grand-abducteur susépineux a*, puis les extenseurs et les fléchisseurs en grand nombre, le *long extenseur d*, le *gros extenseur e*, le *court extenseur f*, le *commun* au *sternum* et au *bras g*, le *court fléchisseur*, l'*extenseur droit h*, ou bien *droit antérieur du canon i*, celui du *pied*, les extenseurs obliques, les fléchisseurs, etc.

Si nous prenions successivement les divers organes, la bouche, les yeux, les oreilles, etc., nous les verrions pourvus de muscles spéciaux.

B. — Système musculaire du bœuf et du mouton.

L'ensemble musculaire du bœuf ou du mouton, quoique ressemblant en général à celui du cheval, comporte cependant d'assez nombreuses différences de détail qui se traduisent en partie par les formes extérieures ; chez le cheval, certaines masses musculaires de la croupe, de l'épaule et du dos, destinées à produire des mouvements énergiques, rapides et variés, sont plus fortes, plus denses, les aponévroses et les tendons sont plus consistants. Chez le bœuf, les muscles apparents à l'extérieur sont un peu moins nombreux et moins saillants; l'encolure est, en général, plus grêle à sa partie inférieure, où les muscles moteurs des membres demandent moins d'agilité ; elle prend à sa partie supérieure une grande force. Le trapèze, plus prolongé, s'unit aux autres muscles, au splenius et même en partie au commun au bras, à l'encolure pour donner à cette partie du corps la force qui se manifeste dans le tirage au joug. Les muscles de l'épaule sont moins volumineux que chez le cheval ; ceux destinés à rapprocher l'épaule, à mouvoir l'avant-bras, moins énergiques, ce qui s'explique par les allures beaucoup moins rapides du bœuf.

Cette différence est remarquable surtout dans le train postérieur de la vache, où apparaissent presque exclusivement deux grands muscles, le *fascia lata r*, se confondant avec le fessier superficiel, et le *long vaste*, sous lequel disparaît en partie le *moyen fessier s*.

A la face interne de la cuisse, sont le *demi-membraneux* et le *demi-tendineux u*; le long vaste ne s'attache pas au fémur comme chez le cheval, mais glisse sur les capsules ou membranes synoviales garnissant cet os sur le trochanter et le condyle de l'articulation. Ces capsules deviennent quelquefois le siége de tumeurs synoviales (goutte des ruminants). Ce muscle réuni seulement par ses bords au *fascia lata* s'en sépare quelquefois dans les bêtes maigres, de manière que celui-ci glisse difficilement sur le premier et gêne la liberté des mouvements du membre postérieur. Uné autre différence à signaler chez le bœuf est l'absence de ligament *pubio-fémoral*, de laquelle résulte la facilité avec laquelle il peut donner un coup de pied de côté.

Les muscles font une grande partie des matières alimentaires fournies par la chair des animaux de boucherie; le développement musculaire est donc d'une grande importance chez le bœuf et le mouton. Les grandes masses musculaires existent comme chez le cheval dans le train postérieur, les fesses, les cuisses, puis sur les reins et le dos. La partie antérieure du corps, l'épaule, le cou, offrent également des masses considérables; mais les os et les parties tendineuses y sont en plus forte proportion. La nature même plus coriace des muscles les place, sous le rapport de la qualité, au-dessous des morceaux des quartiers postérieurs. La viande la plus délicate est fournie par les muscles dont l'action est moins énergique et moins fréquente, par ceux dont le faisceau de fibres présente le plus de volume et s'est infiltré de sucs graisseux et albumineux. Dans le classement des qualités de viande, les bouchers mettent d'abord en première ligne le *filet*, formé des muscles placés à la partie lombaire interne. Les *psoas*, le *carré des lombes*, en forment la base. L'*aloyau*, qui se rapproche et par la position, et pour la qualité, du filet, est fourni par le gros muscle qui se loge des deux côtés de l'épine dorsale, le *long dorsal* et les *transversaires épineux*. Puis vient ensuite toute la masse des muscles de la croupe, des fesses et des cuisses, qui constitue ce qu'on appelle la *culotte*. Celle-ci se partage en plusieurs parties. D'abord la partie fessière, qui prend le nom de *pointe de culotte*, tandis que la partie inférieure et en arrière se nomme *gîte à la noix*, du nom d'une petite glande pyriforme ; à la partie antérieure de la cuisse est la *tranche grasse*, et à la partie interne le *tende de tranche*. Les grand, petit et moyen fessier, le *long vaste*, le *demi-tendineux*, et sous ces couches premières, d'autres également charnues, le *vaste externe*, le

2

triceps crural, l'*abducteur,* etc., forment ces morceaux de choix.

Les côtes, surtout quand le *long* et le *grand dorsal* sont bien développés, se classent parmi les bonnes qualités de viande; les muscles très-plats, fibreux, du cou, de la poitrine, du ventre, dans les qualités médiocres. Il en est de même des jarrets, où le muscle est rapproché de l'insertion du tendon. Enfin les parties tout à fait inférieures comprennent tous les muscles peaussiers et les tuniques fibreuses du ventre, les muscles fibreux du cou et de la tête.

§ 3. — *Système nerveux.*

Le système nerveux comprend l'ensemble des organes destinés à percevoir et à transmettre les *sensations,* et à réagir par la *volonté* sur les organes du mouvement. Quoique formant un tout centralisé dans une même unité d'action, le système nerveux se présente sous trois formes bien distinctes : le *cerveau* et le *cervelet,* la *moelle épinière* et les *nerfs.* A côté de ce premier système nerveux, il en existe un autre moins développé dont le rôle paraît être différent; il consiste en *ganglions* placés, en général, parallèlement à la moelle épinière, se reliant entre eux par des filets nerveux, mais dont les ramifications se distribuent seulement aux organes intérieurs. On l'a nommé *système nerveux de la vie organique* ou *ganglionnaire,* tandis que l'autre prend le nom de *système de la vie de relation* ou *cérébro-spinal.*

Le *cerveau* et la moelle épinière sont formés d'une matière pulpeuse, tantôt blanche, tantôt grisâtre, peu résistante; les *nerfs* se présentent sous la forme de filets blancs plus ou moins déliés, qu'il faut se garder de confondre, comme le fait le vulgaire, avec les *tendons,* cordes fibreuses beaucoup plus solides.

Le cerveau est contenu dans la boîte du *crâne, a* (fig. 6), ainsi que le *cervelet c,* qui est beaucoup moins volumineux et qui se trouve placé au-dessous en arrière. Une membrane fibreuse, ferme, épaisse et blanchâtre, nommée *dure-mère*, forme la première enveloppe de ces organes. Au-dessous se trouve une autre membrane séreuse mince appelée *arach-noïde*. La pulpe du cerveau et du cervelet est grise extérieurement, blanche à l'intérieur, parsemée de nombreux vaisseaux sanguins très-déliés ; ces organes se divisent en plusieurs lobes faisant un certain nombre de replis ou circon-

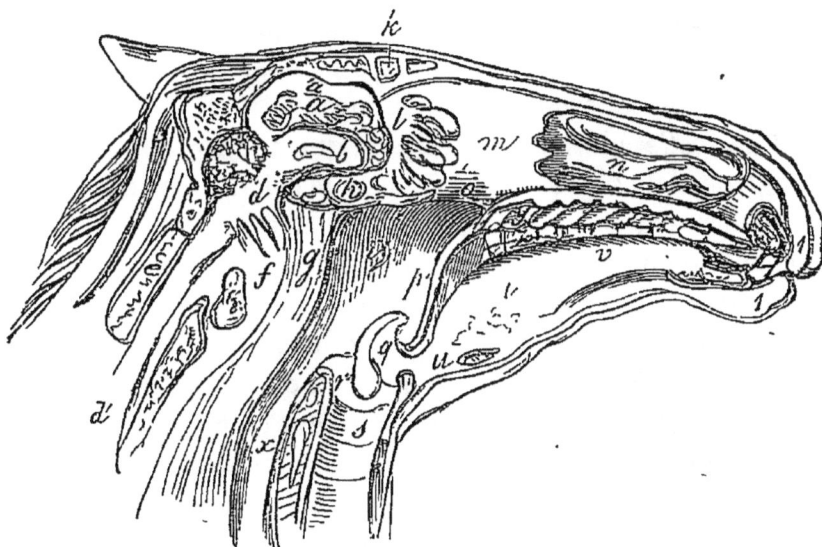

Fig. 6.

a hémisphère gauche du cerveau, *a'* substance grise, faux du cerveau, *b* corps calleux, substance blanche et pédoncules du cerveau, *c* cervelet, *d* bulbe rachidien, protubérance annulaire, *d'* moelle épinière, *e* atlas, *f* origine des paires de nerfs du goût, de la respiration, etc., *h* base du cerveau reposant sur le sphénoïde, glandes pinéale et pituitaire, nerfs optiques, *l* cloison ethmoïdale séparant les lobes olfactifs de l'ethmoïde et des fosses nasales, *m* cloison nasale.

volutions beaucoup plus nombreuses d'ailleurs chez l'homme que chez les animaux. On distingue, dans le cerveau, deux moitiés latérales nommées hémisphères du cerveau et séparées par une scissure profonde dans laquelle s'enfonce une cloison verticale formée par un repli de la dure-mère, et nommée *faux du cerveau*. Cette scission ne divise pas cependant complètement le cerveau ; les deux hémisphères sont réunis, à la base, par une lame médullaire blanche *b*, qui se nomme corps calleux.

Le *cervelet c*, beaucoup moins volumineux que le cerveau, est placé au-dessous et adhère à la moelle épinière à l'aide de deux pédoncules, et, dans le même point, il entoure cet organe par une bande de substance blanche. Le cervelet est divisé également en deux lobes. Un certain nombre de nerfs *d* naissent directement à la base du cerveau : ce sont ceux de l'œil, de l'odorat, de l'ouïe, etc. Les nerfs de la vision correspondent à un appendice du cerveau placé entre cet organe et le cervelet, composé de quatre petits lobes appelés *lobes optiques* ou tubercules quadrijumeaux.

La *moelle épinière d* n'est, en quelque sorte, qu'un prolongement du cerveau. Logée dans la colonne vertébrale, elle a la forme d'un gros cordon blanchâtre au dehors, gris en dedans, de diamètre inégal dans son trajet, renflée à la base du cerveau, où elle prend le nom de *moelle allongée*, diminuant ensuite pour s'élargir vers les reins, où elle donne naissance à deux gros filets nerveux qui se distribuent aux membres inférieurs, puis finit en queue de cheval. La moelle épinière est comme partagée en deux moitiés longitudinales par un sillon médian ; des deux côtés partent des nerfs nombreux symétriquement disposés, de manière à former des paires qui sont au nombre de 43.

Les *nerfs* se rattachent à la moelle épinière ou à la base du cerveau, suivant leur origine, par deux racines distinctes provenant l'une de la partie inférieure, l'autre de la partie supérieure de cet organe, et qui paraissent jouer chacune, dans la transmission de la sensation et de la volonté, un rôle différent ; les racines antérieures seraient, d'après les expériences de MM. Bell et Magendie, la voie par laquelle arrive la sensation, et les racines postérieures celle par laquelle se transmet la volonté. Les divers sens correspondent à des nerfs différents : celui de la vue, de l'odorat, de l'audition, du goût, agissent sur le cerveau à l'aide de nerfs prenant leur origine à sa base même ; la sensibilité tactile est exercée presque exclusivement par les nerfs de la moelle épinière et par quelques nerfs cérébraux.

Les sensations transmises par les nerfs au cerveau sont perçues par l'intermédiaire de différents organes qui impriment à ces sensations un caractère spécial, et qu'on a nommés organes des sens ; ils sont au nombre de cinq principaux : le tact ou toucher, le goût, l'odorat, la vue, l'ouïe

A. — Sens.

Le *toucher*. La peau est l'organe du toucher ; elle enveloppe le corps des animaux, et se modifie un peu suivant les régions qu'elle recouvre. Quoique la peau d'un animal paraisse composée d'un tissu unique, on y distingue cependant plusieurs couches qui sont, en allant du dedans au dehors : 1o le *derme*, partie la plus épaisse qui recouvre immédiatement la chair ou en est séparée par du tissu cellulaire ; sa surface est hérissée d'un grand nombre de petites saillies nommées *papilles*, et qui forment ce que l'on appelle le corps muqueux, dans lequel se dépose la matière colorante, ou *pigment ;* c'est surtout le derme qui, préparé par les corroyeurs, constitue le cuir ; 2o l'*épiderme*, qui recouvre le derme ; c'est un tissu composé de couches très-minces, parsemé d'une multitude de petites ouvertures nommées *pores*, par lesquelles s'échappent la sueur ou des matières grasses sécrétées par des *follicules* du derme. L'épiderme donne également passage à des *poils* émanant des bulbes placés sous cet épiderme. La *corne*, de même nature que les poils, paraît aussi sortir de la peau. La peau varie d'épaisseur, suivant les diverses régions du corps ; cette épaisseur augmente dans les parties les plus exposées aux intempéries, le dos, les reins, la tête, etc. Les espèces, les races, les individus présentent des modifications dans l'état de la peau. Le *toucher* est peu développé chez les animaux domestiques et diminue à mesure que les doigts s'enveloppent de substances cornées. Le *tact* ou la sensibilité tactile, qui résulte de l'action d'un objet mis en contact plus ou moins violemment avec une partie du corps, est développé à un degré différent chez les animaux ; la finesse de la peau, l'épaisseur du poil, le tempérament nerveux, augmentent cette sensibilité.

Le *goût*. La langue et la membrane qui tapisse l'intérieur de la bouche et l'arrière-bouche sont le siége du *goût*. Ce sens paraît avoir moins de finesse chez les animaux domestiques, les herbivores surtout, que chez l'homme. L'odorat semble jouer un plus grand rôle que le goût dans le choix des aliments.

L'*odorat* réside dans la membrane muqueuse dite *pituitaire* qui tapisse l'intérieur des narines ou des *cornets* du nez *n* (fig. 8). Les matières impalpables, susceptibles d'affecter l'odorat, charriées par l'air, s'attachent à cette membrane au moyen du *mucus* dont elle est ordinairement mouillée, et agissent sur les nerfs dits *olfactifs ;* les animaux domestiques sont mieux doués que l'homme sous le rapport de l'odorat, et saisissent des émanations qui nous échappent, tandis que d'un autre côté ils sembleraient insensibles à des odeurs que nous percevons. C'est par le *flair* que certains animaux semblent surtout reconnaître les autres animaux ou les personnes ; la finesse du chien de chasse pour dépister le gibier, celle du porc pour découvrir les truffes dans le sol, etc., sont remarquables.

Le *sens de l'ouïe* ou audition réside dans un appareil très-compliqué, l'*oreille*, qu'on divise en *externe, moyenne* et *interne*. L'oreille externe comprend le *cornet* ou *pavillon*, et le premier conduit auditif appelé vulgairement le tuyau de l'oreille, terminé par une *membrane* dite du *tympan*. La boîte du tympan forme l'oreille moyenne ; c'est une cavité irrégulière, séparée de l'oreille externe par la membrane dont on vient de parler, de l'oreille interne par d'autres membranes, et communiquant avec le pharynx par un conduit appelé trompe d'Eustache, *i*. Dans cette boîte du tympan sont quatre petits osselets appelés l'*enclume*, le *marteau*, l'*os lenticulaire* et l'*étrier*. Ces osselets, placés entre les membranes du tympan et celle de l'oreille externe, font parvenir dans cette dernière, par leur ébranlement, l'impression des vibrations formées dans l'air par le son. L'oreille interne est une cavité très-irrégulière et peu étendue, où l'on remarque : 1° les canaux semi-circulaires ; 2° le *limaçon*, autres canaux en spirale ; 3° le *vestibule*, séparant ces deux espèces de canaux vermiculaires et recevant le nerf de l'ouïe. Ces petits canaux sont remplis par un liquide qui paraît achever de transmettre au nerf l'impression reçue du tympan.

Le *sens de la vue* a pour organe le globe de l'œil, ren-

Fig. 7.

a iris, *b* chambre postérieure, *c* pupille, *d* cornée lucide, *e* chambre antérieure, *f* anneau et procès ciliaires, *g* humeur vitrée, *h* muscles de l'œil, *i* sclérotique, *k* choroïde, *l* rétine, *n* cristallin, *o* conjonctive, *p* paupières et cils, *q* nerf optique, *r* cartilage tarse.

fermé dans une cavité formée par là jonction du frontal et d'autres os ; ce globe se meut dans cette cavité au moyen de plusieurs petits muscles attachés à son pourtour, et il communique avec le cerveau au moyen du nerf optique *h* (fig. 7). Il est protégé au dehors par les paupières, qui sont bordées de poils nommés *cils*, destinés à arrêter les corps étrangers ; une membrane muqueuse très-mince, parsemée et riche en vaisseaux, entoure l'œil ; on la nomme *conjonctive*.

L'enveloppe extérieure du globe consiste en une membrane blanchâtre et résistante, opaque dans la plus grande partie de son étendue, où elle prend le nom de *cornée opaque* ou *sclérotique*; à la partie antérieure elle devient transparente et forme une espèce de vitre, dite *cornée lucide,* à travers laquelle les rayons lumineux pénètrent dans le globe. Après cette première enveloppe on en trouve une autre plus mince, appelée choroïde, colorée en noir et tapissée à l'intérieur par une dernière membrane plus mince encore, qui est comme l'épanouissement du nerf optique ; c'est sur cette membrane, appelée *rétine,* que viennent se reproduire les objets comme sur un miroir placé au fond d'une chambre noire ; mais ils n'arrivent qu'après avoir traversé le globe de l'œil où existent plusieurs autres parties qu'on va décrire. Un peu en arrière de la cornée lucide, on remarque une espèce de cloison membraneuse diversement colorée et comme frangée; c'est l'*iris eé;* une ouverture circulaire existe au milieu de l'iris, d'une couleur ordinairement plus foncée ; cette ouverture est la *pupille,* vulgairement appelée *prunelle.* L'iris partage la partie intérieure de l'œil en deux chambres dont la première est nommée chambre antérieure *b,* l'autre chambre postérieure *c,* toutes deux remplies d'un liquide transparent, appelé *humeur aqueuse.* L'iris est susceptible de se dilater ou de se contracter, de manière à agrandir ou diminuer l'ouverture de la pupille; cette dilatation ou ce resserrement, qui paraît avoir pour but de régler la quantité de lumière qui entre dans l'œil, est surtout remarquable dans certains animaux, les chats par exemple.

Un peu en arrière de la pupille et formant la chambre postérieure est placé un corps diaphane en forme de lentille (le *cristallin*), enchâssé par ses bords comme le verre d'une lorgnette dans une rainure formée par le pli d'un tissu lamelleux très-fin, s'étalant en franges striées et nommée *procès ciliaire,* et pénétrant dans la masse d'un liquide dit *humeur vitrée,* à cause de son analogie avec le verre fondu, humeur qui remplit la plus grande partie de l'œil.

Lorsque la vision s'opère, les rayons lumineux renvoyés par l'objet qu'on regarde tombent sur la cornée lucide et la traversent, mais en se réfractant, c'est-à-dire en déviant de la ligne qu'ils ont suivie. Il en résulte que, pénétrant ensuite à travers la pupille, le cristallin et l'humeur vitrée, le rayon lumineux vient s'arrêter sur la rétine ; mais par suite de la déviation qu'elle a suivie, l'image produite est renversée ; l'habitude et le toucher rectifient cette sensation.

SECTION II. — FONCTIONS DE NUTRITION.

Les animaux domestiques ne peuvent vivre, entretenir ou accroître leur masse sans introduire dans leur intérieur des matières ou *aliments,* en général empruntés au règne végétal.

Ces subtances ainsi introduites dans l'économie animale y sont employées de deux manières ; elles servent, soit à la formation ou au renouvellement des diverses parties du corps lui-même, soit à l'entretien de la combustion respiratoire, qui s'opère sans cesse et est une des conditions essentielles d'activité de la vie.

L'ensemble de ces phénomènes constitue la *nutrition,* se composant aussi elle-même de plusieurs autres fonctions qu'on peut diviser en deux ordres d'opérations.

(A) *La nutrition* proprement dite, comprenant : 1º l'*ingestion* des aliments dans l'appareil qui doit les digérer ; 2º la *digestion* qui prépare ces substances à être transformées en matières assimilables ; 3º l'*assimilation ;* 4º l'*absorption* qui approprie ces matières en les appliquant aux différentes parties de l'organisme ; 5º les *sécrétions,* emploi de diverses parties assimilées ; 6º les *excrétions,* et 7º l'*exhalation* qui rejette au dehors les matières impropres à l'usage de l'organisme.

(B) La *circulation* et *respiration*, destinées surtout au transport des matériaux assimilables dans les différents points de l'organisme et à l'entretien de cette combustion dont on vient de parler. Reprenons rapidement l'examen de chacune de ces opérations et des organes qui y concourent. Les figures 8 et 9 représentant la coupe théorique, dans le milieu de leur longueur, de la tête et du tronc d'un sujet de l'espèce chevaline, de manière à laisser voir les organes intérieurs, posés approximativement dans leur place naturelle, aideront à l'intelligence de cette description (1).

§ 1. — *Nutrition.*

A. — Bouche. Ingestion des aliments.

La bouche est bornée par les mâchoires, les lèvres, les joues, le palais et le voile du palais. Les lèvres 1 (*fig.* 8), dont on reparlera plus tard, servent surtout chez le cheval à saisir les aliments qui sont ensuite coupés par les *incisives*, dont chaque mâchoire est armée, et attirés par la langue *v* dans la bouche, où ils sont triturés par les dents *molaires z*. Des muscles très-forts donnent l'action à la mâchoire inférieure, seule mobile. Le bœuf saisit les aliments et l'herbe qu'il pâture, plutôt avec la langue qu'avec les lèvres, et en forme une espèce de torsade qu'il brise, en la saisissant entre les incisives de sa mâchoire inférieure et le bourrelet fibro-cartilagineux qui remplace les dents à la mâchoire supérieure.

Tout l'intérieur de la bouche est tapissé par une membrane muqueuse toujours humectée qui se replie au bord de l'alvéole des dents pour former les gencives.

Les *joues*, composées en grande partie des muscles masti-

(1) On a dû, pour laisser entrevoir les organes, forcer un peu la position de quelques-uns dans la fig. 8. La tête, qui contient plus de détail, est sur une plus grande échelle.

cateurs, recouvertes à l'extérieur par la peau et à l'intérieur par la muqueuse de la bouche, agissent avec la langue pour ramener les aliments sous les molaires.

Le *palais y* est comme le plancher de la bouche ; les sillons transversaux qui régnent à sa surface paraissent destinés à retenir également les aliments dans la mastication.

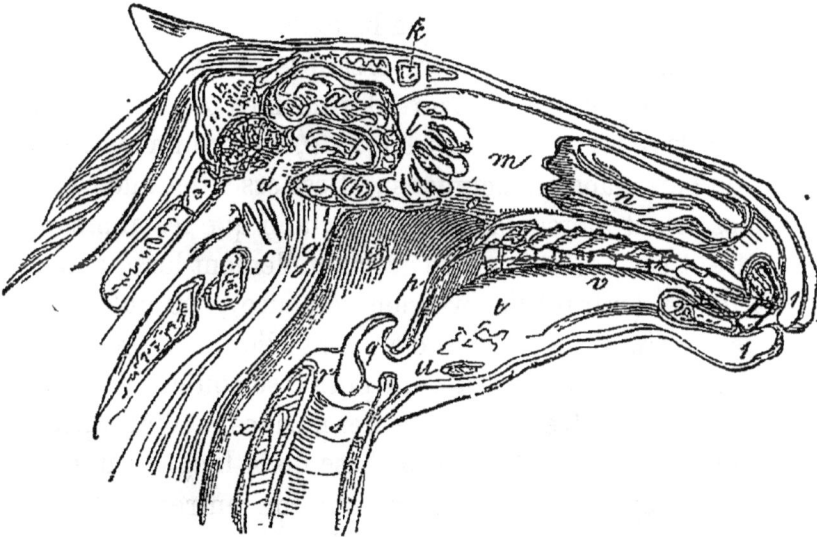

Fig. 8.

i arrière-bouche et ouverture de la trompe d'Eustache, *o* ouverture, dans le pharynx, des fosses nasales, *p* voile du palais, *q* glotte et épiglotte, *r* ouvertures du larynx et cordes vocales, *s* ventricules du larynx, *t* glandes salivaires et sublinguales, *u* portion de l'os hyoïde, *v* langue, *x* œsophage, *y* palais et *z* molaires.

Le *voile du palais p* est une espèce de soupape qui sépare la bouche du pharynx et des cavités nasales, excepté à l'instant de la déglutition. Dans le cheval le voile du palais est tellement étendu en arrière que la respiration et le vomissement ne peuvent s'effectuer par la bouche, mais seulement par les cavités nasales.

La *langue v* est, avec les dents, l'organe principal de la mastication. Essentiellement mobile, elle sert quelquefois, comme chez les ruminants, à attirer les aliments; mais toujours elle les retourne, les malaxes, les imprègne de sucs particuliers, nommés *salive,* qui sont sécrétés par les *glandes salivaires t,* placées au nombre de six à la base de la langue, trois de chaque côté. Ces glandes sont la *parotide,* la *maxillaire* et la *sublinguale.*

La *déglutition,* ou action d'avaler les aliments, est un acte compliqué auquel concourent un certain nombre de muscles, la langue, le voile du palais, etc. Elle a pour résultat de faire passer le bol alimentaire de la bouche dans l'arrière-bouche ou pharynx *i.* Le bol, en traversant le pharynx, doit passer devant l'ouverture postérieure des narines *o* et sur la glotte ou ouverture supérieure du larynx *r,* qui commence le conduit de l'air dans les poumons ; il est essentiel que ces deux orifices soient momentanément clos, afin que les aliments n'y pénètrent pas, ce qui arrive accidentellement lorsqu'on avale de *travers* (suivant l'expression vulgaire), ou qu'on rejette par les narines une portion d'aliments liquides. Pour obvier à ces inconvénients, le *voile du palais* se soulève de manière à s'appliquer contre l'ouverture des narines, et d'un autre côté la *glotte r* est soulevée vers la base de la langue ; une petite soupape, l'*épiglotte q,* s'abaisse sur son entrée et la ferme pendant que les aliments sont saisis par une contraction du pharynx et conduits dans l'œsophage. Chez le cheval, les aliments passent immédiatement de l'œsophage dans l'estomac, où ils subissent l'action de la déglutition. Il y a en ce point une très-grande différence entre le cheval et le bœuf qui, au contraire, fait, comme on le verra plus loin, remonter les aliments de l'estomac dans la bouche pour les broyer de nouveau ; ce n'est qu'après cette préparation nommée *rumination* que les aliments, avalés une seconde fois, sont définitivement digérés.

B. — Estomac. Digestion.

L'œsophage *a* (*fig.* 9), long tube qui descend le long des vertèbres de l'encolure *c,* se place à gauche de la trachée *a ;* il pénètre ensuite dans la première cavité du tronc, la *poi-*

trine, mais il ne fait que la traverser en longeant les deux poumons; il traverse également le diaphragme *h,* et s'ouvre dans l'estomac *l* qui, avec les intestins, occupe la plus grande partie de la deuxième cavité ou *cavité abdominale.* Cette cavité est limitée : en haut par la colonne vertébrale, en bas et latéralement par une partie des côtes, les muscles et les

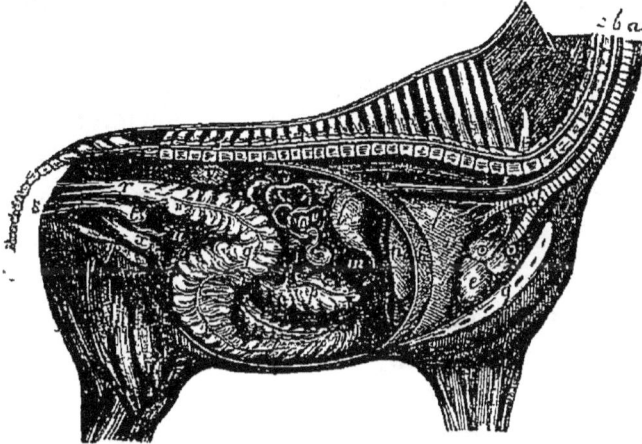

Fig. 9.

a œsophage, *b* trachée, *c* colonne vertébrale et moelle épinière, *d* bronches, *e* cœur san. le péricarde (les vaisseaux, excepté l'aorte, sont enlevés), *f* poumons, *g* sternum, *h* diaphragme, *i* aorte, *k* rate, *l* estomac, *m* pancréas, *n* foie, *o* intestins grêles, *p* cœcums *q* colon, *r* rectum, *s* vulve sortie du tube vaginal, *t* matrice et ses annexes, *u* position des ovaires, *v* reins, *x* vessie, *y* section de l'os du bassin.

aponévroses qui enveloppent le ventre ; en avant par le diaphragme *h,* vaste cloison charnue obliquement dirigée d'arrière en avant et de haut en bas, qui, à l'exception de quelques ouvertures dont elle est percée pour le passage de la veine cave, de l'aorte *i* et de l'œsophage, établit une séparation complète entre le thorax et la cavité abdominale ; en arrière, par le bassin avec lequel elle communique largement.

Les *hypocondres,* les *flancs,* les *lombes,* les *aines* forment les régions de cette grande cavité.

Les parois intérieures de la cavité abdominale sont tapissées par le *péritoine,* membrane séreuse qui, de la région sous-lombaire, où elle prend ses principaux points d'attache,

s'étend ensuite en formant différents replis désignés les uns
sous le nom de *mésentère*, les autres sous le nom d'*épiploon* (1), enveloppe complètement et sans exception aucune
tous les viscères abdominaux, permet leur ampliation et facilite leur glissement. Ce sont ces membranes auxquelles les
bouchers donnent le nom de *toilette*. La graisse s'accumule
principalement dans leurs replis (c'est la graisse dite des intestins ou *suif*).

L'*estomac l* varie un peu de forme suivant les animaux ;
chez le cheval, c'est une espèce de sac pyriforme à deux courbures, sur l'une desquelles s'applique la *rate k*, organe dont
on ne connaît pas encore l'usage. Il communique supérieurement avec l'œsophage et inférieurement avec l'intestin par le
pylore ; on y distingue deux sacs : l'un à gauche qui paraît
n'être qu'un réservoir d'aliments, l'autre à droite où se fait
surtout le travail de la chymification.

L'estomac est situé à la région sous-lombaire, en arrière et
au côté gauche du diaphragme, sur les grosses courbures intestinales qui le séparent des parois inférieures de l'abdomen.

Trois tuniques superposées entrent dans la structure de
l'estomac ; l'une externe séreuse dépendant du péritoine, une
moyenne charnue, et, à l'intérieur, une troisième muqueuse.
Cette muqueuse sécrète un suc particulier. Le suc *gastrique,*
qui s'unit à la salive dont les aliments sont déjà imbibés et
qui contient un principe, la *pepsine,* destiné surtout à agir
sur les matières animales, tandis que les sucs salivaires décomposent les matières amylacées. Dans l'estomac les aliments se réduisent en une espèce de bouillie à la fois acide et
sucrée, nommée *chyme.*

Dans le cheval, la tunique musculaire de l'œsophage acquiert, vers la terminaison de cet organe à l'estomac (partie

(1) L'épiploon est un prolongement membraneux graisseux du péritoine, qui sert à lier l'estomac avec le foie, le pancréas et le colon;
dans les animaux gras, il recèle une grande portion du suif des intestins.

appelée *cardia*), une épaisseur plus grande que partout ailleurs. En outre la terminaison du conduit, appelée *cardia*, est entourée, en forme de cravate, par deux forts faisceaux de fibres charnues, appartenant à la membrane musculeuse de l'estomac. Cette disposition anatomique, opposant une très-grande résistance au retour des aliments de l'estomac dans la bouche, explique la difficulté du vomissement chez les solipèdes.

L'estomac des ruminants, le bœuf, le mouton, la chèvre, etc., est beaucoup plus compliqué que celui du cheval ; il est formé de quatre poches distinctes, dont chacune prend le nom d'estomac. Le premier est la *panse* ou *rumen a* (fig.10), le deuxième le *feuillet b*, le troisième le *réseau c*, enfin le quatrième la *caillette d*. Ce dernier peut être considéré comme l'estomac proprement dit, analogue à celui du cheval ; les autres ne servent, en quelque sorte, qu'à préparer les aliments au travail opéré par ce dernier..

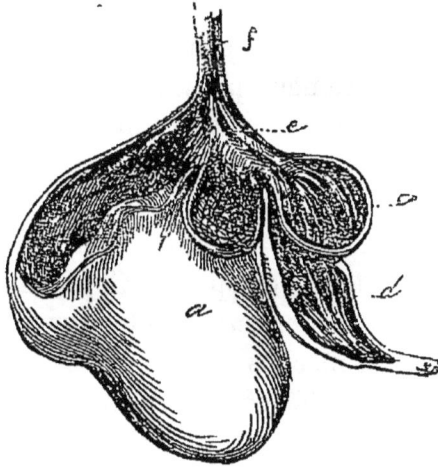

Fig. 10.

La *panse*, plus vaste que tous les autres estomacs ensemble (1), est un grand sac dans lequel on peut distinguer deux compartiments principaux ; il repose sur les parois inférieures de l'abdomen et se porte supérieurement un peu sur

(1) Cependant elle peut varier suivant l'alimentation ; ainsi chez les veaux se nourrissant de lait, elle n'est pas plus volumineuse que la caillette. Dans la figure 10, les estomacs sont ouverts, afin qu'on puisse voir l'intérieur ; on a donné à la panse moins d'étendue qu'elle n'en a réellement.

le côté gauche jusqu'au bassin ; sa paroi intérieure est garnie d'une membrane épaisse hérissée de papilles nombreuses. Dans l'un de ses points adhère la rate.

Le *bonnet* ou *réseau b*, beaucoup plus petit, est placé à droite et en avant de la panse; sa membrane muqueuse intérieure offre une multitude de plis disposés en mailles ou cellules polygonales comme un réseau.

Le *feuillet c*, un peu plus grand que le précédent, est placé à droite de la panse ; il a reçu le nom de feuillet à cause des larges replis qui le garnissent intérieurement comme les feuillets d'un livre.

Enfin la *caillette d*, poche allongée, fusiforme, est d'un tissu beaucoup moins épais ; sa membrane intérieure, irrégulièrement plissée, est toujours humectée par un liquide acide qui n'est autre que le suc gastrique. C'est à la propriété de ce suc qu'est dû l'emploi de cette membrane pour faire cailler le lait.

Tous ces estomacs sont reliés entre eux par le prolongement de l'œsophage. Cependant les aliments ne passent pas indifféremment dans l'un ou l'autre. Ils sont d'abord reçus à demi-mâchés dans la *panse* et le *bonnet*, d'où ils remontent dans la bouche pour être mâchés de nouveau, ce qui constitue l'acte de la *rumination ;* avalé une seconde fois, le bol alimentaire passe dans le *feuillet*, puis dans la *caillette*. Ces opérations sont favorisées par une disposition particulière de l'œsophage ; dans sa communication avec les quatre estomacs, il présente une espèce de gouttière ou demi-canal, dit *gouttière œsophagienne e*, qui, par la contraction de ses bords, forme naturellement un tube. Lorsque l'animal avale des aliments grossiers et d'un certain volume, ces substances, arrivées à cette gouttière, écartent mécaniquement les bords du tube et tombent dans la panse et le bonnet placés au-dessous; mais lorsque l'animal prend des boissons ou des aliments demi-fluides, ces substances traversent le canal sans en écarter les bords et se rendent directement dans le feuillet où le tube se termine, et de là dans la caillette. Quant à l'opération qui consiste à faire remonter les aliments de la panse dans la bouche, on l'a diversement expliquée; il paraîtrait que la panse et le bonnet, en se contractant, poussent la masse alimentaire dans la gouttière œsophagienne, laquelle, en se contractant à son tour, en saisit une partie, la détache et en fait une pelote destinée à remonter le long de l'œsophage.

De l'estomac, où ils sont réduits en une bouillie acide, nommée *chyme*, les aliments passent par le pylore dans les *intestins*. Ceux-ci sont de très-longs tubes variant d'étendue suivant la nature plus ou moins riche des aliments dont les animaux se nourrissent; ainsi la longueur des intestins, qui n'est dans le lion, animal essentiellement carnivore, que de trois fois environ la longueur du corps, égale dans le mouton, herbivore ruminant, jusqu'à 28 fois cette longueur. On comprend comment, chez les animaux nourris exclusivement d'herbes peu succulentes, les viscères prennent un développement énorme; de là ces chevaux à ventre avachi qu'on rencontre dans les pâturages médiocres, et au contraire les flancs levrettés de quelques animaux de luxe trop exclusivement nourris de grains. L'appareil digestif des oiseaux de basse-cour présente encore une disposition particulière; il se partage en 3 parties : 1° le *jabot ;* 2° au-dessous, un renflement nommé *ventricule succenturé ;* puis, 3° enfin, le *gésier*, muscle creux, très-puissant chez les granivores, où les aliments achèvent de se broyer par le contact de petits graviers avalés par l'oiseau.

C. — Intestins et vaisseaux lympathiques. Assimilations. Sécrétions.

Le canal intestinal comprend l'*intestin grêle* et le *gros intestin ;* on reconnaît dans l'intestin grêle deux parties bien distinctes : l'une très-courte, mais d'un plus grand diamètre, immédiatement à la sortie de l'estomac, nommée *duodenum ;* l'autre plus étroite, mais très-longue et se repliant en une multitude de circonvolutions, l'intestin grêle proprement dit *o*. Le gros intestin *c*, qui apparaît ordinairement à l'ouverture d'un cheval sous la forme d'un gros tube bosselé, partagé en son milieu par des bandelettes, mais qui est beaucoup moins renflé dans le bœuf, fait suite à l'intestin grêle. On le divise en *cœcum p* qui se prolonge en cul-de-sac, au delà du point d'insertion de l'intestin grêle, en *colon q*, gros tube également bosselé et partagé en nombreuses valvules à calibre irrégulier, offrant plusieurs courbures et diminuant successivement vers l'extrémité, où, sous le nom de *rectum r*, il arrive à l'*anus*, en passant au-dessus des organes générateurs : l'*utérus t*, les *ovaires u* et le *vagin s*. Dans le bœuf et le mouton, le gros intestin, plus court, n'offre pas cette disproportion de grosseur avec l'intestin grêle, ni ces boursouflures ou valvules.

Chaque partie de l'intestin exerce une action particulière sur les matières alimentaires qui la traversent. Dans le *duodenum*, ces matières se mêlent à des sucs particuliers : la *bile*, sécrétée par le *foie n*, et un autre suc analogue à la salive, fourni par le *pancréas m*, glande placée près de l'estomac. Le foie, corps glandulaire brunâtre, divisé en plusieurs lobes, sécrète abondamment un suc particulier jaunâtre, amer, qui, dans les animaux autres que le cheval, l'âne et le mulet, est reçu en partie dans une poche dite vésicule du *fiel;* la bile est conduite dans le duodénum par un canal particulier débouchant dans cet intestin. La bile et le suc pancréatique achèvent de dissoudre les matières farineuses qui ont échappé à la digestion stomacale et émulsionnent les *matières grasses*.

Dans leur trajet à travers les longs circuits de l'intestin grêle, les produits utiles de la digestion, liquéfiés et décomposés, comme on vient de le dire, sont absorbés par un système particulier de vaisseaux *lymphatiques* très-petits, aboutissant d'une part aux parois de l'intestin, de l'autre à des ganglions disposés dans le mésentère et se réunissant enfin à un canal principal dit canal thoracique. Ces vaisseaux, dit vaisseaux chylifères, paraissent absorber à leur passage les sucs alimentaires, leur font subir une élaboration particulière qui les rapproche successivement de la nature du sang, et enfin le canal principal dont on vient de parler verse ces sucs dans la veine cave antérieure où débouche le sang enrichi par l'adjonction de principes nouveaux; le sang, après qu'ils ont été modifiés par son hématose, va les répandre dans toutes les parties de l'organisme; il va déposer dans les tissus l'albumine, la graisse, les sels des os, la synovie de leurs articulations; il fournit au système glandulaire les matériaux que celui-ci transforme en sécrétions diverses, lait, lymphe, sucs digestifs, etc.; il est enfin l'agent principal de cette circulation générale dont les mystères ne sont encore qu'imparfaitement dévoilés.

D. — Reins. Excrétions.

Les matières inertes ou non décomposées continuent à circuler dans les intestins et sont enfin expulsées par l'anus.

Ces résidus sont solides ou liquides; c'est par les intestins que s'échappent les premiers; c'est par l'appareil urinaire, composé des reins, des capsules surrénales et de la vessie, que sont rejetés les résidus des aliments liquides.

Les *reins v* constituent deux corps glandulaires, situés à la région des lombes, au milieu d'une masse abondante de tissu graisseux. Chez la plupart des animaux domestiques, ils affectent la forme d'un haricot.

Deux substances entrent dans la composition des reins : l'une extérieure, *corticale*, est constituée par un grand nombre de canaux capillaires, repliés sur eux-mêmes, auxquels sont attachées une multitude de petites granulations spongieuses; l'autre, *médullaire*, *tubuleuse* ou *rayonnée*, est formée par une multitude de petits tubes convergeant vers une cavité centrale dans laquelle ils s'ouvrent, et qui porte le nom de *bassinet*.

Les capsules surrénales sont deux petits corps arrondis situés en regard des reins dont on ignore l'usage.

Les *uretères* sont deux canaux qui prennent naissance au bassinet du rein, parcourent en dessous de la colonne vertébrale un assez long trajet, et viennent s'ouvrir à l'extrémité antérieure de la vessie, dans laquelle ils charrient l'urine.

La vessie x est une poche musculo-membraneuse, située dans la cavité du bassin et maintenue dans sa position au moyen de plusieurs replis de péritoine. Elle porte à son extrémité postérieure une ouverture qui la fait communiquer avec le canal de l'urètre dont on parlera plus loin. (Voir fig. 14).

§ 2. — *Circulation et respiration.*

On vient de voir comment les aliments se convertissaient en *chyme*, puis en *chyle*, et enfin en *sang*. Le sang est le suc nourricier par excellence, destiné à entretenir la vie, à accroître la masse du corps ou à remplacer les pertes de l'organisme. Pour remplir cette mission, il doit *circuler* dans toutes les parties du corps, aller porter partout les principes réparateurs ; mais le sang, en agissant ainsi sur les organes, éprouve quelques altérations : il perd une partie de ses qualités vivifiantes. *Vermeil* d'abord à son arrivée dans les différentes parties du corps, il prend, après les avoir traversées, une teinte sombre d'un rouge noirâtre ; dans cet état, il n'a plus la faculté d'entretenir la vie dans les organes auxquels il se rend ; mais ce sang ainsi vicié, mis en contact avec l'air, reprend ces propriétés primitives. Or, ce contact avec l'air a lieu dans les *poumons* au moyen d'une des fonctions les plus importantes de la vie, la *respiration*. Cette fonction se lie donc essentiellement à la *circulation* du sang, et toutes deux doivent être étudiées en même temps.

Le sang contient 80 pour 100 d'eau ; on y observe deux parties distinctes : l'une est un liquide jaunâtre, transparent, auquel on a donné le nom de *serum ;* l'autre est formée d'une multitude de petits *globules* microscopiques solides, réguliers, variant de forme et de grosseur dans diverses espèces d'animaux. Chez l'homme et la plupart des mammifères, ces globules sont sphériques et très-petits ; leur diamètre serait environ d'un cent-vingtième de millimètre. Ils forment environ la moitié de la masse. On trouve encore dans le sang d'autres corpuscules blancs, mais moins nombreux, qui appartiennent sans doute au chyle. Le *serum* du sang renferme de l'*albumine* et de la *fibrine,* une matière colorante rouge, contenant du fer, et enfin un assez grand nombre de sels ; on y retrouve aussi de l'azote, de l'acide carbonique, tous les éléments qui entrent dans l'économie animale. L'analyse du sang de l'homme a donné à M. Dumas pour 1000 : eau, 770 ; globules, 127 ; fibrine, 0,3 ; matières extractives, matières grasses et sels divers, 10. La quantité de sang d'un animal peut varier de 6 à 8 pour 100 de son poids vif. Le sang, fluide dans son état naturel, se coagule quand il est sorti des veines, propriété due à la fibrine du *serum.* En cet état, il se partage en deux couches bien tranchées, l'une supérieure d'un blanc grisâtre ; c'est le sérum, appelé alors *caillot blanc ;* l'autre inférieure, opaque, rouge, formée de globules, est le caillot proprement dit.

La figure 11 nous représente l'ensemble des organes de la circulation.

A. — Du cœur.

Le principal organe de la circulation est le *cœur,* espèce de cône creux d'un tissu musculo-fibreux, éminemment contractile, placé chez le cheval et le bœuf dans la poitrine, entre les deux lobes du poumon *k,* s'appuyant sur le sternum, la pointe déviant un peu à gauche. Le cœur est enveloppé d'une forte membrane appelée *péricarde* qu'on a supprimée dans la figure. On a en outre divisé le cœur en deux par une coupe qui laisse voir son intérieur et celui des vaisseaux. Les

parties où circule le sang veineux sont en noir, et celles où
se trouve le sang artériel, en blanc; des lignes ponctuées et
des flèches indiquent le trajet du sang.

L'intérieur du cœur est divisé en quatre cavités superposées deux à deux de chaque côté. La cavité supérieure est
nommée oreillette, l'inférieure ventricule. On distingue ainsi
l'oreillette droite *a*, le ventri-
cule *b*, l'oreillette gauche *h*, le
ventricule gauche *c*. Chaque ventricule est en communication
avec son oreillette par une espèce de soupape; mais l'oreillette et le ventricule d'un côté ne
communiquent pas avec le ventricule et l'oreillette de l'autre côté.

Le sang veineux est rapporté
par deux veines principales dites
veine-cave postérieure e, et
veine-cave antérieure f, dans
l'oreillette droite qui se contracte et chasse dans le ventricule droit le sang qu'elle a reçu.

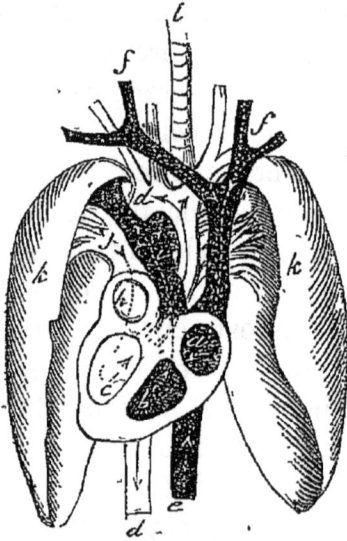

Fig. 11.

Ce ventricule se contracte à son
tour et pousse ce sang dans un vaisseau appelé *artère pulmonaire i*, quoiqu'à la différence des artères, il ne char-
rie que du sang veineux. Ce vaisseau est divisé en deux
branches qui, par des ramifications nombreuses, pénètrent
dans les poumons et y portent le sang veineux; là ce sang se
trouve en communication avec l'oxygène de l'air apporté par
la respiration et change de nature; de noirâtre qu'il était, il
devient d'un rouge vif. Dans cet état, le sang est repris aux
extrémités des vaisseaux capillaires des poumons par les dernières ramifications de quatre vaisseaux *j* (on n'en aperçoit
que deux dans la figure), nommés *veines pulmonaires*
(quoiqu'elles ne charrient que du sang artériel); ces vais-

seaux viennent aboutir dans l'oreillette gauche où ils versent
le sang vivifié qu'ils ont puisé dans les poumons. L'oreillette
pousse en se contractant ce sang dans le ventricule gauche
qui, se contractant à son tour, le lance dans l'artère aorte *d*
qui, par de nombreux embranchements, le répand dans toute
l'économie ; et lorsque ce sang arrive aux dernières ramifications des artères, il est repris par les extrémités également
très-ténues des veines, qui le ramènent de nouveau au cœur.
On pourrait craindre que le sang ne retournât en arrière :
mais il existe, au bord de l'ouverture qui fait communiquer
le ventricule avec l'oreillette, un repli membraneux disposé
de manière à s'affaisser lorsqu'il est poussé de haut en bas,
à se relever, au contraire, et à fermer l'ouverture, quand il
est poussé en sens contraire.

La circulation du sang est donc complétée par deux ordres
de vaisseaux bien distincts : les *artères,* les *veines ;* les veines,
sauf l'exception signalée plus haut, renferment toujours du
sang noir, dit sang veineux ; les artères, du sang rouge ou
artériel. Les artères et les veines sont formées intérieurement par une membrane mince et lisse qui se continue avec
celle qui tapisse les cavités du cœur ; dans les artères, cette
tunique interne est entourée d'une tunique moyenne, gaîne
épaisse, jaunâtre et très-élastique, qui se compose de fibres
disposées circulairement. Cette couche, qui manque dans les
veines, établit une grande différence entre le mode d'action
de ses vaisseaux : les parois des artères agissent dans la circulation du sang par la contraction et l'élasticité de cette tunique membraneuse. Quand la paroi d'une artère est ouverte,
cette ouverture tend à s'agrandir, et on ne peut arrêter le
sang que par la compression ou la ligature ; il suffit, au
contraire, de rapprocher les bords de l'ouverture d'une veine
pour obtenir la cicatrisation.

Le cœur est l'agent principal de la circulation ; c'est une
double pompe foulante à quadruple effet ; il y a, en effet,
projection 1° du sang veineux de l'oreillette droite dans le

ventricule droit ; 2° du ventricule dans les poumons et de là
dans l'oreillette gauche ; 3° injection de l'oreillette gauche
dans le ventricule gauche, et enfin 4° du ventricule gauche
dans l'aorte et dans toute l'économie. Les contractions du
cœur se révèlent par les battements du *pouls;* le nombre
des pulsations pendant un temps donné indique donc l'activité de la circulation. Le nombre serait par minute dans l'état
normal, suivant M. Lafond : cheval, 32 à 38 ; âne ou mulet,
45 à 48 ; mouton, 70 à 79. Volkmann a calculé que la vitesse
circulatoire du sang était chez le cheval de 22 centimètres,
et chez le mouton de 29 centimètres par seconde. La révo-
lution circulatoire du sang s'accomplirait chez le cheval en
30 secondes environ, et en 20 secondes chez l'homme.

B. — Des poumons.

La *respiration,* comme on l'a pressenti par les explica-
tions ci-dessus, se lie intimement à la circulation du sang ;
elle marque l'un des passages importants de cette circulation
à travers les poumons.

Les poumons *k* (fig. 11) sont l'organe essentiel de la respiration ; ils sont situés dans la poitrine ou thorax qu'ils
remplissent à peu près. Ce sont deux masses spongieuses de
forme conique, irrégulière, et qui, sous le nom de *fressure,*
figurent à tous les étaux des tripiers ; les poumons sont, en
quelque sorte, moulés sur la cavité thoracique qui les renferme et en représentent la forme.

La cavité de la poitrine est tapissée à sa partie interne
d'une double membrane séreuse appelée *plèvre* qui enveloppe séparément chacun des deux organes pulmonaires, et
produit par l'adossement de ses deux feuillets une cloison
médiane appelée *médiastin:*

Le tissu pulmonaire est comme une espèce d'éponge résultant de l'association d'une multitude de petites cavités ou
lobules formés eux-mêmes d'une plus ou moins grande quan-

tité de vésicules, communiquant les unes avec les autres et s'ouvrant en commun dans l'extrémité terminale d'un petit tube, ramification de la trachée et des bronches.

C'est sur les parois extrêmement minces de ces vésicules que le sang veineux, étalé molécule à molécule, reçoit l'influence modifiante de l'air atmosphérique et éprouve ce changement qui le transforme en sang artériel.

Nous avons vu comment le sang arrivait aux poumons; quant à l'air, il y pénètre d'abord par la trachée-artère qui le reçoit elle-même par le larynx, la bouche et les narines; mais son introduction ou sa sortie des poumons est déterminée par la *dilatation* ou la *contraction* des parois mêmes de la poitrine qui fait, en quelque sorte, les fonctions d'un soufflet.

La *trachée l* (fig. 11) est un long tube, toujours béant, formé d'une série d'anneaux cartilagineux, incomplets postérieurement, superposés les uns aux autres, réunis par des ligaments fibreux; une membrane muqueuse très-sensible tapisse l'intérieur de cet organe. Avant d'arriver au poumon, la trachée se bifurque et se divise en deux branches qu'on nomme *bronches* (*d, fig.* 9).

La trachée prend son origine dans le *larynx* (*fig.* 12), tube cartilagineux protégé extérieurement par un petit os, l'os hyoïde *a*, qui l'enveloppe de ses deux branches. On a vu que le larynx communiquait avec l'arrière-bouche par une ouverture que pouvait ouvrir ou fermer une petite soupape, l'*épiglotte c* et la *glotte f*. L'air arrive dans l'arrière-bouche, soit par la bouche même, soit par les narines. L'action de l'introduction de l'air dans la trachée *e* se nomme *respiration ;* on appelle encore *aspiration* l'entrée de l'air, et on exprime l'action de sa sortie par le mot d'*expiration*. Le larynx est formé de cartilages contournés et assemblés entre eux de manière à former un tube irrégulier, surtout dans son intérieur où se remarquent de petites cavités ou ventricules, une ouverture rétrécie des-

Fig. 12.

tinée à produire les sons ; on a donné le nom de cordes vocales
à cette ouverture et au pli du cartilage qui la forme. Les cartilages du larynx sont : le thyroïde *d*, le cricoïde *e*, l'arythé-
noïde.

Chez le cheval, à la différence des autres animaux domestiques, la respiration se fait par les narines, le voile du palais
interceptant presque entièrement la communication du larynx
avec la bouche ; chez le bœuf, le mouton, le voile du palais,
beaucoup moins développé, permet la respiration par la
bouche.

Deux phénomènes principaux sont la conséquence de l'acte
de la respiration : le premier est la modification de l'air res-
piré, le second la modification du sang.

Cette dernière modification, nous la connaissons déjà : le
sang, de noir qu'il était, devient rouge ; il perd une portion
d'acide carbonique qu'il contenait, et prend à l'air une certaine quantité d'oxygène. Quant à la modification de l'air res-
piré, elle est la conséquence de celle-ci : on sait que l'air
atmosphérique se compose de 0,21 d'oxygène et de 0,79 d'azote.
L'air qui sort des poumons a perdu une certaine quantité
d'oxygène qui est remplacée par une quantité égale d'acide
carbonique ; quant à la quantité d'azote, elle paraît également
éprouver des changements assez marquants. Les animaux
absorbent et exhalent de l'azote dans des proportions variables.
Enfin, il s'échappe aussi du corps, avec les produits de la respiration, une quantité plus ou moins considérable de vapeur
d'eau qui a reçu le nom de *transpiration pulmonaire*. Cette
modification de l'air par la respiration, assez semblable à
celle qui a lieu dans la combustion du charbon, opération
pendant laquelle une certaine portion d'oxygène disparaît pour
être remplacée par une quantité d'acide carbonique équivalente, avait fait supposer d'abord que l'oxygène de l'air inspiré
se combinait dans le poumon avec le carbone du sang veineux, et que de cette combustion résultait l'acide carbonique
expulsé ; mais l'observation n'a pas confirmé cette théorie :

l'acide carbonique existerait tout formé dans le sang veineux et viendrait seulement s'exhaler à la surface de l'organe respiratoire, pendant que l'oxygène de l'air absorbé par cette même surface se dissout dans le sang et lui donne les qualités du sang artériel.

La respiration consisterait donc, ainsi que le dit M. Milne Edwards, dans un phénomène d'absorption et d'exhalation par suite duquel le sang venant dans le poumon en contact avec l'air atmosphérique se débarrasse de son acide carbonique et se charge d'oxygène. Quant à la source de l'acide carbonique contenu dans le sang, il y a lieu de croire que ce gaz se forme successivement dans toutes les parties du corps, et résulte de la combinaison de l'oxygène absorbé avec du carbone provenant des sucs nourriciers, d'où il en résulterait qu'en définitive le phénomène essentiel de la respiration serait toujours une espèce de combustion, mais s'opérant dans la masse de la circulation.

Le poumon des oiseaux, adossé à la voûte intérieure de la cavité thoracique, communique par des bronches à sept sacs aériens situés soit en dedans, soit en dehors de la poitrine, communiquant eux-mêmes chez quelques espèces à des cavités intérieures des os. La structure du poumon est en outre particulière : les cloisons du poumon communiquent entre elles et laissent un libre passage à l'air qui les traverse. Ces dispositions ont pour but d'accumuler à l'intérieur du corps des masses d'air qui diminuent la pesanteur spécifique.

Chaleur animale. La source de la chaleur animale réside, suivant l'opinion la plus généralement admise, dans cette espèce de combustion dont on vient de parler, s'opérant dans la masse de la circulation et donnant naissance à l'acide carbonique de l'eau.

La température du corps des quadrupèdes domestiques est de 37 à 38 degrés centigrades, celle des oiseaux de 40 à 44; elle est à son maximum dans les cavités gauches du cœur; elle diminue du centre à la circonférence.

On a calculé que la chaleur produite par l'homme en l'espace de 24 heures serait capable d'élever de 1 degré de température 2,500 kilogrammes d'eau, autrement produirait 2,500 calories.

SECTION III. — FONCTIONS DE REPRODUCTION.

§ 1. — *Modes de reproduction.*

Les animaux domestiques nous offrent deux modes spéciaux de reproduction ; les jeunes animaux viennent au monde vivants, ou renfermés dans un œuf. Les premiers, parmi lesquels se rangent les mammifères, sont appelés *vivipares ;* les autres, au nombre desquels nous retrouvons les oiseaux, les poissons, les insectes, etc., sont appelés *ovipares.*

Quoiqu'une différence extérieure apparaisse entre les deux modes de génération, cependant il existe en réalité une grande analogie entre eux ; les femelles des animaux vivipares portent en elles un appareil spécial ordinairement double, consistant en une réunion de petits corps granuleux nommés *ovaires,* situés à l'extrémité de deux tubes ou trompes qui viennent déboucher dans une poche à parois musculo-membraneuses nommée *matrice* ou *utérus.* La matrice elle-même s'ouvre antérieurement dans un conduit qui reçoit l'organe mâle ; la matière fécondante, sécrétée par cet organe, pénètre par cette ouverture dans l'intérieur de la matrice, et un embryon ou œuf, détaché de l'un des ovaires, y descend ; cet embryon subit l'influence de la fécondation et se développe dans la matrice, dont les parois s'agrandissent successivement, et après plusieurs mois, période dont la durée ne varie que de quelques jours, la femelle rejette au dehors le jeune animal.

Il y a ainsi plusieurs temps bien marqués dans l'acte de la reproduction : 1° le rapprochement des animaux, auquel on donne le nom de *monte* ou *lutte,* selon les espèces, rapprochement ordinairement précédé, chez la femelle, d'un état

- particulier appelé *chaleur;* 2° la conception ou fécondation, et le développement du germe ou *gestation;* 3° la mise-bas du jeune animal. Postérieurement à ce dernier fait, il y a encore : 4° l'allaitement et l'élevage de ce produit, jusqu'à ce qu'il ait atteint un certain état de croissance.

§ 2. — *Organes de reproduction.*

A. — Mâle.

La fig. 13 représente l'ensemble de l'appareil *génito-urinaire* du taureau.

Les *testicules g,* au nombre de deux, suspendus aux cordons testiculaires *h,* très-longs sur le taureau et le bélier, sont chargés de sécréter la matière fécondante. Celle-ci s'élabore dans les nombreux lobules de leur tissu, en sort par les canaux séminifères qui forment sur un des points du testicule un réseau vasculaire nommé *epididyme,* se terminant par un seul canal, le *canal déférent;* ce canal remonte vers l'abdomen, traverse *l'anneau inguinal,* s'unit au canal excréteur des vésicules *séminales,* espèce de réserve de la matière fécondante, et va enfin s'ouvrir dans la prostate, por-

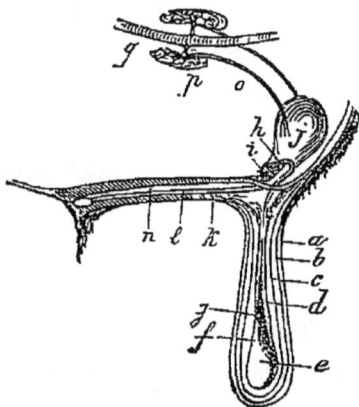

Fig. 13.

a scrotum, *b* darthos, *e* membrane érithroïde, *d* cremaster, *e* testicules et tunique albuginée, *f* épididyme, *g* canal déférent, *h* vésicules séminales, *i* prostate, *j* vessie, *k* fourreau, *l* canal de l'urètre, *n* verge, *o* urétères, *p* reins, *q* veines.

tion du canal de l'urètre, sous le nom de canaux éjaculateurs. Les testicules sont protégés par plusieurs enveloppes.

Les enveloppes des testicules sont : 1° le *scrotum* ou la peau extérieure; 2° le *darthos,* membrane contractile suspendue autour des anneaux *inguinaux* par des ligaments élastiques ; 3° une autre membrane appelée *tunique éri-thröide*, formée de l'expansion d'un petit muscle, le *crémas-ter*, qui enveloppe imparfaitement le testitule et sert à le relever ; 4° une gaîne dite *vaginale*, contenant le testicule même et son cordon. Le testicule lui-même, matière glandu-leuse d'un gris rougeâlre, est recouvert d'une membrane de nature fibreuse, brillante : c'est la *tunique albuginée*.

Le *canal de l'urètre*, qui sert en même temps à l'expulsion de l'urine contenue dans la *vessie,* est entouré à l'extérieur d'une couche de tissu érectile (le corps caverneux) qui cons-titue en grande partie la *verge o ;* cet organe a pour enve-loppe le fourreau; plusieurs muscles et ligaments suspen-seurs complètent l'appareil.

A l'exception de l'autruche, du canard et de l'oie, *les oiseaux* manquent d'organes copulateurs ; les testicules sont placés près des reins, et le conduit spermatique vient s'ouvrir près de l'anus; la fécondation s'opère par l'application de l'ouverture de cet organe contre celui de la femelle.

B. — Organes de la femelle.

L'appareil générateur de la jument et de la vache se com-pose des *ovaires,* des *trompes utérines,* de la *matrice,* du conduit *vaginal* et de la *vulve.*

Les *ovaires* sont deux petits corps arrondis, d'un aspect granuleux, placés en dehors de la matrice, près de son extré-mité postérieure, sur les ligaments suspenseurs de cet organe; ils sont destinés à émettre l'*ovule,* germe indispensable à la reproduction.

La *matrice* ou *utérus,* organe essentiel au sein duquel se développe l'œuf ou germe détaché de l'ovaire, présente quel-ques particularités suivant les animaux. Chez la vache, la membrane interne est parsemée de gros mamelons appelés *cotylédons,* d'autant plus nombreux que les femelles ont eu plus de gestations. Ces cotylédons servent de base à l'attache

des enveloppes du fœtus ; dans les femelles qui portent plusieurs petits, le corps de l'utérus est très-court, tandis que
les branches ou *cornes* sont fort longues;
l'extrémité de chacune de ces cornes se
prolonge en un conduit membraneux
nommé oviducte, terminé par un orifice
dilaté en forme d'entonnoir ou de trompe
à bords frangés : c'est la trompe de
Fallope. Appliquée, à certains moments,
sur l'ovaire, elle recueille l'ovule qui s'en
échappe et qui pénètre dans la matrice
par l'oviducte. La matrice s'ouvre dans
le conduit vaginal par un très-petit canal
ou *col*. Ce col fait saillie, et son orifice
habituellement fermé a reçu d'après sa

Fig. 14.

a matrice, *i* fleur épanouie, *b* cornes, *c* oviducte, conduit vaginal, *c* trompe de Fallope, *d* ovaires.

forme le nom de *museau de tanche* ou *fleur épanouie*. Le
conduit vaginal, superposé à la vessie, s'ouvre à l'extérieur
par la vulve.

La castration des femelles consiste dans l'enlèvement des
ovaires ; dans le premier âge et avant les chaleurs, on enlève
sans danger l'utérus lui-même.

Des ligaments nombreux qui se rattachent à la voûte du
sacrum, et qui prennent plus de consistance pendant la gestation, suspendent l'*utérus* et ses annexes.

Les *mamelles* sont le complément de l'organe génital de la
femelle. Plus ou moins nombreuses suivant les espèces d'animaux, les mamelles forment extérieurement un corps semi-globuleux plus ou moins arrondi, recouvert d'une peau lisse
et souple, garni quelquefois d'un léger duvet, se terminant
par une petite *aréole* un peu saillante, nommée *mamelon,* et
une espèce de tube arrondi, la *tétine*. A l'intérieur, la mamelle présente un grand nombre de granulations entremêlées
de ganglions lymphatiques, de tissu graisseux et de beaucoup
de vaisseaux. Un tissu lamineux abondant pénètre et relie
toute cette masse, adhère intimement à la peau et se fixe à

l'abdomen par diverses brides ligamenteuses. Des vaisseaux, des nerfs, des artères, accolés par du tissu lamineux, composent un cordon très-court qui entre dans le bassin par l'arcade sous-pubienne; deux grosses veines, partant de la veine thoracique interne, sortent sous le ventre, de chaque côté, par deux ouvertures que le vulgaire nomme *fontaines laitières,* et vont se rendre dans l'organe mammaire. Le centre des mamelles est occupé par plusieurs conduits laitiers qui répondent d'une part aux granulations dont on a parlé plus haut, de l'autre au conduit de la tétine.

§ 3. — *Conception, gestation.*

On nomme *conception* la fécondation du germe animal; cette fécondation ne s'opère pas toujours avec la même facilité : les femelles bovines qui ne conçoivent pas sont dites *stériles ;* les vaches de cette espèce prennent le nom de *taurelières,* surtout quant à cet inconvénient se joint un retour fréquent de chaleurs ; la stérilité ou la non conception vient quelquefois de ce que la femelle ne retient pas le liquide fécondant. Pour faire retenir la femelle, on emploie parfois divers procédés empiriques dont l'efficacité est fort douteuse : on lui jette de l'eau sur les reins, ou on ne la fait saillir qu'après qu'elle a été fatiguée ou un peu affaiblie. La saillie des animaux se fait en liberté ou en non liberté. Dans le premier cas, le mâle est abandonné avec les femelles, et avec ce mode on ne risque pas de voir le moment de la *chaleur* passer inaperçu, mais on ne peut diriger convenablement l'appareillement; la femelle peut vouloir échapper au mâle, se défendre, le blesser, et l'épuiser par des saillies répétées. Dans la saillie non libre, tantôt le mâle est enfermé avec une femelle pendant un temps déterminé; tantôt, surtout pour les grands animaux, la femelle est tenue en main ou attachée. Souvent un seul accouplement ne suffit pas pour la conception; deux ou trois et plus sont nécessaires.

Quoique la conception s'annonce ordinairement par la cessation des *chaleurs* et une espèce de rigidité de la tunique vaginale, on ne peut la reconnaître, d'une manière certaine, qu'après un temps assez long, et lorsque l'embryon est développé de manière à ce que sa présence puisse se manifester extérieurement; il y a danger, du reste, à *fouiller*, comme on le fait quelquefois, les juments ou les vaches. A sept mois, on peut reconnaître la plénitude des premières en posant le plat de la main un peu en avant de l'ombilic, pendant qu'elles boivent; pour les vaches, au bas du flanc droit.

Avec le développement du germe dans l'*utérus*, commence

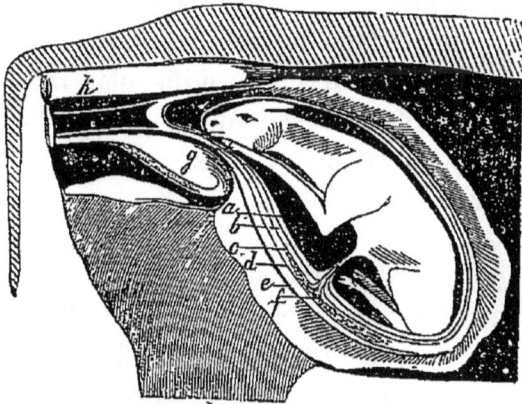

Fig. 15.

a paroi de la matrice, *b* chorion, *c* allantoïde, membrane intérieure du chorion; *d* amnios, *e* placenta, *f* cordon ombilical, *g* vessie, *h* rectum.

la vie *intra-utérine*. Des modifications successives s'établissent dans l'embryon; peu à peu apparaissent les premiers vestiges de l'être organisé, du cœur, du cerveau, de la moelle épinière, des membres; l'embryon prend alors le nom de *fœtus*. Le fœtus est entouré de plusieurs enveloppes, dont les premières, qui ont reçu différents noms (l'*amnios*, l'*allantoïde*, le *chorion*), sont minces et membraneuses; elles renferment un liquide dans lequel le fœtus est comme suspendu. L'enveloppe la plus superficielle est le *gâteau* ou *placenta*, expansion rouge, membraneuse, qui adhère par un grand nombre de points à l'intérieur de l'utérus, et établit le rapport entre la mère et le fœtus lui-même, au moyen du *cordon ombilical*. Ce cordon, gros faisceau vasculaire, s'étend depuis l'*ombilic* (ou le nombril) du fœtus ; il résulte de l'assemblage de deux artères, d'une veine, et d'une autre espèce de conduit appelé l'*ouraque*. C'est par cette veine et cet artère que s'établit la circulation du sang et la nutrition du jeune sujet, circulation très-différente de ce qu'elle sera quand il aura vu le jour et été en contact avec l'air ; car, dans cette circulation, les poumons ne jouent aucun rôle, et c'est par les poumons de la mère que se complète le phénomène de la circulation.

Le fœtus, plongé dans le liquide amniotique, prend une position permanente qu'il conserve jusqu'au moment du part ; la tête, remarquable par son volume, se porte en avant, du côté de l'ouverture vaginale de l'utérus, et les membres postérieurs s'écartent en arrière et en haut, de sorte que, vers le terme de la gestation, le petit sujet se présente dans un état moyen de flexion de toutes ses parties, ayant l'extrémité des membres antérieurs placée contre la tête, dont l'extrémité est dirigée vers le col de l'utérus (fig. 14).

Le temps de la gestation varie pour les diverses femelles domestiques ; on le résume dans le tableau ci-contre.

	Le plus court.	Moyen.	Le plus long.
Jument.	287	330	419
Anesse.	305	348	391
Vaches.	240	280	321
Chèvre et brebis.	146	150	160
Truie.	109	114	123
Chienne.	55	50	63
Chatte.	48	50	56
Lapine.	29	30	31

Nous reproduisons ici un tableau ingénieux tiré de l'annuaire de Lengerke, à l'aide duquel, connaissant le jour de la conception d'un animal, on trouve immédiatement l'époque approximative de la parturition.

Tableau de la gestation et du part des animaux domestiques.

DATE de la CONCEPTION.	JUMENT.	VACHE.	BREBIS. CHÈVRE.	TRUIE.	CHIENNE.	LAPIN.	POULE. Durée de l'incubation.
1 janv.	6 déc.	12 oct.	3 juin.	30 avril.	4 mars	31 janv.	22 janv.
6	11	17	8	5 mai.	9	5 fév.	27
11	16	22	13	10	14	10	1 fév.
16	21	27	18	15	19	16	6
21	26	1 nov.	23	20	24	21	11
26	31	6	28	25	29	26	16
31	5 janv.	11	3 juill.	30	3 avril.	2 mars	21
5 févr.	10	16	8	4 juin.	8	7	26
10	15	21	13	9	13	12	3 mars
15	20	26	18	14	18	17	8
20	25	1 déc.	23	19	23	22	13
25	30	6	28	24	28	27	18
2 mars	4 fév.	11	2 août.	29	3 mai.	1 avril.	23
7	9	16	7	4 juill.	8	6	28
12	14	21	12	9	13	11	2 avril.
17	19	26	17	14	18	16	7
22	24	31	22	19	23	21	12
27	1 mars	5 janv.	27	24	28	29	17
1 avril.	6	10	1 sept.	29	2 juin.	2 mai.	23
6	11	15	6	3 août.	7	7	28
11	16	20	11	8	12	11	2 mai.
16	21	25	16	13	17	16	7
21	26	30	21	18	22	22	12
26	31	4 fév.	26	23	27	27	17
1 mai.	5 avril.	9	1 oct.	28	2 juill.	31	22
6	10	14	6	2 sept.	7	5 juin.	27
11	15	19	11	7	12	10	1 juin.
16	20	24	16	12	17	15	6
21	25	1 mars	21	17	22	20	11
23	30	6	26	22	27	25	16
31	5 mai.	11	31	27	1 août.	30	21
5 juin.	10	16	5 nov.	3 oct.	6	5 juill.	26
10	15	21	10	7	11	10	1 juill.
15	20	26	15	12	16	15	6
20	25	31	20	17	21	20	11
25	30	5 avril.	25	22	26	25	16
30	4 juin.	10	30	27	31	30	21

Tableau de la gestation et du part des animaux domestiques.

DATE de la CONCEPTION.	JUMENT.	VACHE.	BREBIS. CHÈVRE.	TRUIE.	CHIENNE.	LAPIN.	POULE. Durée de l'incubation.
5 juill.	9 juin.	15 avril.	5 déc.	1 nov.	5 sept.	4 août.	26 juill.
10	14	20	10	6	10	9	31
15	19	25	15	11	15	14	5 août.
20	24	30	20	16	20	19	10
25	29	5 mai.	25	21	25	24	15
30	4 juill.	10	30	26	30	29	20
4 août.	9	15	4 janv.	1 déc.	5 oct.	3 sept.	25
9	14	20	9	6	10	8	30
14	19	25	14	11	15	14	4 sept.
19	24	30	19	16	20	18	9
24	29	4 juin.	24	21	25	23	14
29	3 août.	9	29	26	30	28	19
3 sept.	8	14	3 févr.	31	4 nov.	3 oct.	24
8	13	19	8	5 janv.	9	8	29
13	18	24	13	10	14	13	4 oct.
18	23	29	18	15	19	18	9
23	28	4 juill.	23	20	24	23	14
28	2 sept.	9	28	25	29	28	19
3 oct.	7	14	5 mars	30	4 déc.	2 nov.	24
8	12	19	10	4 fév.	9	7	29
13	17	24	15	9	14	12	3 nov.
18	22	29	20	14	19	17	8
23	27	3 août	25	19	24	22	13
28	2 oct.	8	30	24	29	27	18
2 nov.	7	13	4 avril.	1 mars	3 janv.	2 déc.	23
7	12	18	9	6	8	7	28
12	17	23	14	11	13	12	3 déc.
17	22	28	19	16	18	17	8
22	27	2 sept.	24	21	23	22	13
27	1 nov.	7	29	26	28	27	18
2 déc.	6	12	4 mai.	31	2 fév.	1 janv.	23
7	11	17	9	5 avril	7	6	28
12	16	22	14	10	12	11	2 janv.
17	21	27	19	15	17	16	7
22	26	2 oct.	24	20	22	21	12
27	1 déc.	7	29	25	27	26	17
31	5	11	2 juin.	29	3 mars	30	22

La femelle doit, pendant la gestation, être l'objet de soins particuliers ; sa nourriture doit être suffisante, sans cependant amener un engraissement qui nuit à l'accouchement. Il faut surtout éloigner les causes d'*avortement :* on nomme ainsi l'expulsion du fœtus à une époque où il n'est pas encore viable (avant le onzième mois chez la jument, le septième chez la vache). Les causes de l'avortement sont *prédisposantes* ou *occasionnelles.* Au nombre des premières on place les saisons pluvieuses, les habitations insalubres, les brouillards épais, les pâturages couverts de rosée, le défaut de nourriture, le jeune âge ; la faiblesse de la mère, un état de pléthore et une alimentation trop riche peuvent encore produire l'avortement. Les causes *occasionnelles* sont : des coups, des chutes, des travaux excessifs, l'indigestion gazeuse, les boissons trop froides, les coliques, une toux violente, la frayeur causée par la foudre, la morsure des chiens, l'ingestion d'aliments irritants et malsains, enfin la saignée à contre-temps, les purgatifs. Quelquefois, l'avortement semble contagieux, épizootique ; il est dû, dans ce cas, à des causes prédisposantes.

Indiquer les causes de l'avortement, c'est enseigner les précautions qu'on doit prendre pour les éviter ou en prévenir les conséquences ; les signes de l'avortement sont ceux de l'accouchement à terme.

Les approches du part s'annoncent plusieurs jours à l'avance, par l'écoulement d'un liquide visqueux ; la vache, en cet état, se nomme *amouillante.* Le part s'annonce encore par le gonflement et la sensibilité des mamelles, par la dilatation de la vulve, l'affaissement de l'abdomen, dont les flancs deviennent creux, la flexion du dos et des reins, quelquefois, chez la jument, par quelques gouttes d'une sérosité roussâtre échappées du pis vingt-quatre heures avant. Lorsque le part est très-proche, la bête est inquiète, s'agite plus ou moins, se couche et se relève presque aussitôt ; bientôt, des contrations énergiques de l'utérus et du diaphragme venant à s'établir, on voit apparaître une poche ou une vessie dont la rupture laisse écouler des eaux qui lubréfient et relâchent les parties ; les pieds de devant seuls, ou avec l'extrémité de la tête, paraissent presque aussitôt, et, dans le part naturel, l'expulsion du reste du fœtus ne tarde pas à s'effectuer.

En général, le concours de l'homme doit se borner à donner à la femelle prête à mettre bas une litière suffisante, à la préserver des atteintes des autres animaux, à veiller à ce que le jeune animal ne soit pas blessé dans les mouvements de la mère, et à le rapprocher d'elle si elle est attachée.

Quelquefois, par des circonstances accidentelles, le part devient ou *laborieux*, ou *contre.nature*, ou *impossible*. (On indiquera dans la zootechnie spéciale les précautions à prendre.)

Le part se complète par l'expulsion de l'*arrière-faix* ou *délivre*, qui se compose des débris des enveloppes du fœtus. La délivrance de la jument et de la vache est toujours plus longue que celle des autres femelles domestiques.

§ 4. — *Naissance, allaitement et croissance.*

La vie de l'animal domestique se divise, comme celle de l'homme, en plusieurs périodes caractérisées par des modifications marquées dans l'état de l'individu, et qui ont une telle importance dans la production agricole, que des noms particuliers ont été donnés aux animaux, suivant leurs différents âges. Ainsi dans le mouton on distingue l'*agneau*, puis l'*agneau gris*, puis l'*antenais* ; il en est de même du cheval, du bœuf, etc. L'allaitement marque surtout la période de la première enfance, période qui peut cependant se prolonger plus ou moins ; la chute des premières dents et leur remplacement est, pour les animaux domestiques, une espèce d'adolescence ; l'*état adulte* est complet au moment de ce remplacement total.

La constitution du jeune sujet se modifie après le sevrage ; le système glandulaire diminue ; ainsi la glande du thymus, qui forme le *ris* de veau, disparaît presque ; la fibre musculaire s'affermit et devient plus rouge ; les *aptitudes*, le *tempérament* commencent à se révéler dans cette période qu'on peut comparer à l'*adolescence* chez l'homme. Mais c'est à la *puberté*, nouvelle période, que les changements sont les plus frappants. Le développement de nouveaux organes, des dents, des cornes, des formes moins arrondies, des os mieux formés, sont des signes caractéristiques de cette transition. La différence des sexes entraîne des différences dans les formes et les aptitudes : chez le mâle un plus grand développement de la tête et des muscles du cou ; chez la femelle une plus grande largeur du bassin ; la taille de la femelle est toujours plus petite, dans l'espèce bovine et ovine surtout : cependant les génisses qui ne conçoivent pas prennent beaucoup plus de taille ; une gestation trop précoce la diminue.

On peut caractériser par le terme d'*animal fait* la période où le sujet est en possession de toute la plénitude de ses facultés et peut rendre le maximum de services. Le cultivateur n'attend pas toujours cet âge pour l'utilisation de l'animal de boucherie surtout, qui souvent ne dépasse pas la première enfance.

Dans un élevage ordinaire, M. Boussingault a trouvé que le cheval issu d'individus pesant 400 à 500 kil., qui pèse à la naissance 50 kil., augmentait en poids pendant les trois premiers mois, par jour, de $1^k,04$; pendant les trois mois suivants, de $0^k,06$; que vers le sevrage, l'accroissement diurne paraît descendre à $0^k,51$; enfin que du sevrage à trois ans accomplis, cet accroissement serait seulement de $0^k,445$.

Pour l'espèce bovine, les rapports seraient peu différents. L'accroissement en poids serait, pendant l'allaitement, $1^k,13$; au-dessous de trois ans, $0^k,72$; au-dessus, $0^k,10$.

L'élevage de la vacherie du Pin, qui a lieu du reste sur l'espèce durham, race précoce, ne donne pas complètement les mêmes résultats. D'après la moyenne d'un assez grand nombre d'élevages, l'accroissement des mâles avait été par jour, dans les trois premiers mois, de 1^k,10; dans les six mois suivants, 0^k,88 (diminution qu'on doit attribuer au sevrage) ; de six mois à un an, de 1^k,30 ; de un an à deux, environ 0^k,66 ; enfin au-dessus de trois ans, 0^k,20, toujours, du reste, avec une ration qui a varié de 2 1/2 à 4 pour 100 du poids de l'animal.

Dans les étables de M. de Behague, l'accroissement serait par jour, première année, 0^k,8 ; deuxième, 0^k,6 ; troisième 0^k,5. L'augmentation semble être moindre chez les femelles, surtout après deux années.

CHAPITRE IV. — TEMPÉRAMENT ET APTITUDES.

Le coup d'œil qu'on vient de jeter sur la machine animale serait bien incomplet si on ne disait un mot des forces cachées qui la font mouvoir, de l'*intelligence* et des *instincts* dont elle est douée, des *aptitudes* particulières à chaque animal, enfin des modications qu'apportent dans cette intelligence ces aptitudes et ces instincts, la perfection et la forme des organes, le développement du système nerveux circulatatoire, lymphatique ou musculaire, modifications qui se traduisent par la *constitution* et le *tempérament*.

Il y a chez l'animal trois choses importantes à connaître pour celui qui veut en tirer parti : sa *constitution*, son *tempérament;* ses *facultés instinctives* ou son *intelligence;* de cet ensemble résultent les *aptitudes*.

§ 1. — *Constitution*.

La constitution d'un individu est l'état général résultant de son organisation particulière, de l'activité et de l'équilibre de ses fonctions. Voici les caractères que donne M. Rainard d'une bonne constitution du cheval, caractères qu'il tire : 1o de la digestion ; 2o de la respiration ; 3o de la circulation du sang ; 4o du tempérament ; 5o d'un bon état de nutrition ; 6o d'une bonne conformation ; 7o de l'équilibre des organes.

1o On considérera comme ayant un bon estomac l'animal qui conserve son appétit après le travail comme en repos ; qui mange avec action, mais pas trop rapidement ; qui mâche bien ses aliments et qui est rarement atteint d'indigestions ; qui rend peu fréquemment des crottins, mais qui les rend bien marronnés, de couleur naturelle et peu odorants ou du moins sans mauvaise odeur ; qui peut s'accommoder de tous les aliments et de tous les régimes possibles ; qui peut attendre longtemps son repas, sans souffrir et sans être incommodé ensuite des aliments qu'il aura pris en certaine quantité ; enfin dont la bouche et les dents sont propres et sans mauvaise odeur.

2o Du côté de la poitrine, il faut qu'elle soit ample en hauteur et en largeur, mais principalement en hauteur ; que l'animal ne perde pas facilement haleine ; c'est ce qui arrive quand la cavité thoracique est bien développée ; qu'il *rappelle bien*, c'est-à-dire qu'il s'ébroue avec force et avec facilité ; qu'il ne soit pas sujet aux rhumes et aux maladies de poitrine.

3o Pour le cœur et la circulation, il faut que leurs mouvements ne s'accélèrent pas trop par l'exercice, parce que l'animal est alors disposé à suer facilement, ce qui l'affaiblit et l'expose à des refroidissements ; que le pouls soit donc grand et modérément fréquent ; qu'il n'y ait ni palpitation, ni irrégularité, ni intermittence du pouls.

4o Pour le tempérament, il est bon qu'il n'y en ait aucun trop fortement prononcé.

5o Un bon état de nutrition. C'est le signe d'une forte

4.

onstitution qu'un animal conserve son embonpoint, quoiqu'il ait pendant quelque temps une nourriture peu abondante, de bons ou de médiocres aliments, et qu'il travaille
peu ou beaucoup ; que cet animal soit sobre pour le boire et
le manger; qu'il ait le poil fin et luisant; que ses blessures et
ses plaies suppurent peu et se guérissent facilement. C'est
au contraire le signe d'une mauvaise constitution qu'un animal s'engraisse facilement par le repos et maigrisse après le
moindre travail; qu'il soit longtemps à se refaire de la moindre indisposition; que ses blessures se guérissent difficilement
et qu'il ait, comme dit le vulgaire, de l'humeur, c'est-à-dire
des sécrétions muqueuses ou purulentes abondantes.

6° Une conformation rapprochée, autant que possible, du
type idéal de la perfection offre aussi beaucoup de garanties
d'une bonne constitution.

7° Il en est de même de ce qu'on appelle en vétérinaire les
proportions et les aplombs. Ainsi un cheval panard, cagneux,
qui a le pied plat ou gros, celui qui a de longues extrémités
et un corps faible, un gros corps ou des jambes grêles, qui a
un ventre énorme ou un flanc rétracté, un dos fortement
ensellé ou un dos très-voussé ou bossu, un long corps ou un
flanc étendu, un pareil cheval n'est pas dans les conditions
d'une bonne constitution.

8° Enfin une certaine vivacité de caractère est encore un
bon signe d'une constitution solide, ce que nous voyons chez
le cheval qui marche sans se presser, badinant avec son mors,
ayant la tête alerte, et qui s'excite avec calme par les difficultés.

§ 2. — Tempérament.

On nomme *tempérament* la prédominance dans l'économie
de quelques-uns des grands appareils qui la constituent. On
distingue quatre espèces de tempéraments : le *sanguin*, le
musculaire, le *nerveux* et le *lymphatique*.

Le *tempérament sanguin* est indiqué par une poitrine

ample, une respiration facile, un pouls développé et vif, une physionomie animée, la coloration de la peau et des poils, de la vivacité et de la grâce dans les mouvements; on remarque ce tempérament chez le cheval du Melleraut et du Limousin, chez le bœuf de Salers et du Limousin, chez le mérinos.

Le *tempérament musculaire* est caractérisé par un grand développement des muscles, leur saillie, leur fermeté, une grande activité de digestion, une certaine brusquerie dans les allures ; ce tempérament s'allie fréquemment au sanguin ; le cheval percheron, le taureau garonnais et bazadais, le dogue, dans l'espèce canine, offrent des types de ce tempérament.

Le *tempérament nerveux* se développe surtout par l'éducation et un régime particulier ; certains chevaux de course peuvent en présenter le type; certains petits chiens d'appartements, hargneux et maladifs, en manifestent les signes ; du reste, il est plus souvent lié aux autres tempéraments, qu'il modifie alors d'une manière avantageuse. En excès, il prédispose aux maladies nerveuses.

Le *tempérament lymphatique* se manifeste chez les animaux par des formes arrondies, empâtées, des chairs blanches et molles, une peau épaisse, de grands poils, peu de chaleur vitale, peu d'énergie ; les membranes muqueuses sont le siége de sécrétions abondantes; les séreuses sont disposées à l'hydropisie. On rencontre ce tempérament chez le bœuf et le mouton, et, en général, chez les animaux des contrées à la fois froides et humides ; il dispose à la morve, au farcin, mais il favorise parfois l'engraissement, la sécrétion laitière.

Le *tempérament nerveux lymphatique* se montre chez certains béliers et taureaux très-irascibles ; le chat est encore un type de ce tempérament.

Les tempéraments qu'on vient de décrire sont presque toujours plus ou moins associés chez les animaux. L'air, le climat, la nourriture, les habitudes peuvent modifier les tempéraments ; c'est ce qu'on fait par la transplantation des animaux, mais il reste toujours des traces du tempérament primitif.

§ 3. — *Intelligence. Facultés instinctives.*

Si l'âme, attribut exclusif de l'espèce humaine, si l'idée reli-
gieuse, la faculté de généraliser ses pensées et de les expri-
mer par l'écriture, établissent une différence immense entre
l'homme et la brute, on doit cependant reconnaître chez les
animaux des facultés instinctives et une intelligence dont
l'homme doit tenir compte dans l'action qu'il veut exercer sur
eux.

Les qualités ou les défauts de l'intelligence et de la volonté
se trouvent à un certain degré chez l'animal ; le cheval, par
exemple, a une mémoire locale très-grande ; comme le chien,
il est susceptible d'une éducabilité souvent surprenante. La
plupart de nos passions, la haine, la jalousie, la colère, le
ressentiment, se manifestent chez l'animal aussi bien que les
sentiments affectifs, l'amour de la progéniture, l'affection pour
l'homme, le souvenir des bons traitements ou de l'injus-
tice, etc. Enfin le courage, l'énergie, l'émulation, peuvent
être développés d'une manière remarquable chez plusieurs de
nos animaux domestiques. C'est donc non seulement un acte
d'inhumanité, mais une grave erreur, que de traiter l'animal
comme une machine ; l'homme doit savoir, au contraire, tirer
parti des dispositions affectives de l'animal. C'est surtout
l'animal de travail, le cheval, le bœuf, qui peuvent recevoir
cette espèce d'excitation morale provenant des bons traitements; l'homme ne doit pas seulement se faire craindre, il
doit se faire aimer du compagnon de ses labeurs, mais à son
tour il doit l'aimer lui-même.

§ 4. — *Aptitudes.*

On appelle aptitudes les dispositions naturelles d'un animal
ou d'une race pour une destination spéciale. Telles sont les
aptitudes au travail, à l'engraissement, à la production lai-

tière, etc. Les aptitudes sont le résultat de la constitution, de la conformation, du tempérament et des facultés instinctives de l'animal ; elles peuvent jusqu'à un certain point se tràns-mettre par la génération : de ces deux principes découlent de nombreuses conséquences. Ainsi, on peut, par l'étude des conditions qu'on vient d'indiquer, réformer la constitution et reconnaître les aptitudes de l'animal : nous ferons l'application de ce corollaire dans l'*extérieur* des animaux domestiques. On peut encore, en modifiant ces conditions, agir sur ces aptitudes mêmes ; mais en même temps il découle de ces principes que certaines aptitudes, étant le résultat de la prédominance d'un tempérament et de formes spéciales, en excluent d'autres. Sur l'hérédité des aptitudes est basée la science de la création et de l'amélioration des races.

LIVRE II. — ZOOTECHNIE.

ZOOTECHNIE GÉNÉRALE.

Nous avons défini la zootechnie l'*art d'élever, d'entretenir, d'utiliser les animaux domestiques*. L'*élevage* comprend la reproduction et l'amélioration des races et des individus. L'*entretien* consiste surtout à les alimenter et à les maintenir dans un *régime* et une hygiène convenables.

L'*utilisation* des animaux embrasse les différents produits et services qu'on peut en tirer, comme force, viande, lait, laine et produits divers. Au point de vue économique, elle comprend la réalisation d'un produit par la vente.

Il y a, quant à l'*élevage*, l'*entretien* et l'*utilisation* des animaux domestiques, des règles communes à tous; on les réunira sous le titre de *zootechnie générale*. D'autres règles sont particulières à chaque *espèce;* c'est la *zootechnie spéciale*, qui fera l'objet du troisième livre de notre traité. Les règles de l'*utilisation* des animaux ne peuvent être posées d'une manière bien pratique qu'en traitant des espèces elles-mêmes ; nous les renverrons à la *zootechnie spéciale*, en réservant seulement aux généralités de la science les principes de l'élevage et de l'entretien communs à toutes les espèces.

CHAPITRE Ier. — REPRODUCTION DES ANIMAUX ET AMÉLIORATION DES RACES.

SECTION Ire. — DES RACES ET DE LEURS MODIFICATIONS.

§ 1. — *Définitions des races.*

Dans la classification naturelle des animaux, on a réservé le nom d'*espèces* à des groupes d'individus se ressemblant par des caractères communs, et se reproduisant entre eux avec les mêmes propriétés essentielles. Les *genres* sont la réunion des espèces les plus voisines : ainsi appartiennent au même genre le cheval, l'âne, le zèbre, etc. Les individus d'un même genre s'accouplent encore quelquefois entre eux, et il en résulte un produit; mais ce produit est stérile, comme la mule et le mulet. L'accouplement d'animaux d'un *ordre* différent, le cheval et la vache, par exemple, reste sans résultat; l'existence de *jumarts*, produit du rapprochement du taureau et de la jument, est plus que problématique. Les groupes d'individus d'une même espèce d'animaux, différenciés par des caractères communs et tranchés, pouvant se reproduire, prennent le nom de *race*. Les caractères des races se déduisent des formes, de la couleur, d'aptitudes particulières, comme le travail, la production du lait, de la laine; on leur donne ordinairement le nom de la localité où elles dominent : ainsi, on dit la race percheronne ou normande; mais ces dénominations sont généralement fort vagues. Il serait à désirer qu'on ne considérât comme caractères de race que ceux qui tendent à imprimer, avec une modification extérieure, des *aptitudes* particulières. Si des différences également remarquables viennent à se produire dans les individus d'une race, sans détruire le type primitif, on en forme des *sous-races*; enfin, dans les races ou les sous-races elles-mêmes, on peut distinguer des nuances provenant d'une origine commune : ainsi, le mouton mérinos est une race, le mérinos de Rambouillet est une sous-race ; tel mérinos, caractérisé par la taille ou la toison, forme un *type* particulier ; l'origine commune constitue la *souche* ou *famille* ; si cette origine se suit pendant plusieurs générations, elle donne lieu à établir une *généalogie*. Ces généalogies, pour la race de pur sang anglais, ont été recueillies dans un ouvrage qui se continue chaque année, sous le nom de *Stud Book*. Il existe également un *Herd Book* pour les mâles de la race bovine à courtes cornes.

Les races sont dites *communes* ou *distinguées*. Pour ces dernières, on substitue quelquefois le mot *sang* à celui de race ; dans l'espèce chevaline, on dit un cheval de *sang* pour indiquer le cheval de race pure, arabe ou arabe-anglaise. La race est encore *pure* ou *mélangée*. Le rapprochement d'individus de différentes races est un *croisement,* le produit qui en provient un *métis*. On exprime les différents degrés de *métissage* en disant que le produit renferme une fraction de sang indiquée par ce degré. On suppose que, dans le croisement, les deux générateurs donnent chacun la moitié du sang du produit : ainsi, le veau provenu d'un pur sang durham et d'une vache normande est un demi-sang ; si la mère était déjà demi-sang durham, le veau serait trois-quarts de sang ; si, au contraire, la vache était saillie par un taureau demi-sang durham, le produit n'aurait qu'un quart de sang durham, et si ce produit était accouplé de nouveau à un animal normand, le veau résultant de cet accouplement n'aurait plus qu'un huitième de sang. Nous empruntons à M. Villeroy le tableau suivant, indiquant la progression que l'on obtiendrait de l'emploi de mâles d'une race améliorante, continué pendant dix ans avec les produits femelles provenant de chaque croisement.

Il existe, dans le dixième produit, à peine un millième de sang de la race commune, ce qui approche bien près de la pureté qu'on ne pourrait d'ailleurs jamais obtenir ainsi d'une manière absolue.

Génération.	Sang pur du côté paternel.	Sang pur du côté maternel.	Total du sang pur.	Reste du sang commun.
1.	1/2	0	1/2	1/2
2.	1/2	1/4	3/4	1/4
3.	1/2	3/8	7/8	1/8
4.	1/2	7/16	15/16	1/15
5.	1/2	15/32	31/32	1/32
6.	1/2	31/64	63/64	1/64
7.	1/2	63/128	127/128	1/128
8.	1/2	127/256	255/256	1/256
9.	1/2	255/512	511/512	1/512
10.	1/2	511/1024	1023/1024	1/1024

Dans les états généalogiques, on indique les degrés de parenté en ligne directe des animaux, en ajoutant, après l'indication de la première génération, autant de *g* qu'il y a de degrés : ainsi, la *g g g Beauty* signifie que *Beauty* était la trisaïeule du sujet. Il sera toujours essentiel, pour un éleveur, de tenir un livre de généalogie des animaux.

§ 2. — *Causes modifiantes des races.*

Les causes modifiantes des espèces et créatrices des races sont nombreuses : ce sont, en effet, toutes les causes qui tendent à modifier les formes, la constitution, le tempérament, les produits des animaux, le caractère des races. On peut les ramener à trois principales : le régime, le climat et la génération.

A. — Influence du climat.

Ces influences peuvent être très-limitées par l'action et les soins hygiéniques de l'homme ; toutefois, lorsque cette action ne s'exerce pas suffisamment, les influences du climat sont réelles. Ainsi, les races des montagnes ont les membres plus courts, les articulations plus larges, la corne plus dure; les

vallées humides augmentent la taille, mais produisent l'empâ-
tement des formes ; les climats très-chauds sont peu favorables pour conserver les aptitudes des races à graisse ou à
lait. Le climat et le sol, que nous réunissons dans le même
ordre d'influences, agissent surtout indirectement en modifiant la nourriture : ainsi, la taille chétive des animaux de
Sologne est due plus à la nourriture médiocre qu'au climat
humide de cette contrée ; car, dans les marais humides de
l'ouest, se produisent des bœufs de très-grande taille. Si la
race garonnaise de vallée est supérieure à celle dite des co-
teaux, cela tient à une alimentation plus riche. Les vaches
bretonnes, transportées dans un pays plus fertile, doublent de
taille.

Quant à l'opinion, avancée par des naturalistes, qu'un long
habitat sous le même climat fait dégénérer les races, et qu'on
doit croiser les animaux du nord avec ceux du midi, c'est une
opinion exprimée d'une manière trop absolue. Il n'y a dégé-
nérescence que lorsque l'homme ne sait pas donner à l'animal
les conditions convenables. Il peut y avoir même amélioration
avec un régime et des soins bien entendus.

B. — Nourriture et régime.

On vient de faire pressentir l'influence de la nourriture sur
les races ; cette influence est immense. Les producteurs mal
nourris, excédés de travail, donnent ces races chétives de nos
pays pauvres ; tandis que les riches pâtures du nord ou de
l'ouest sont la base de la création des grandes races qu'on retrouve dans ces contrées. La nourriture plus aqueuse, mais
riche en même temps, accroît les qualités laitières. C'est par
des fourrages grossiers et peu nourrissants qu'on fait ces chevaux à gros ventre, et cependant à formes grêles, des landes
marécageuses. C'est par la nourriture au grain qu'on crée le
cheval aux formes sveltes et vigoureuses en même temps.
Deux pouliches bretonnes qu'on transporte, l'une dans les

plaines de la Beauce, où elle est nourrie de grains à l'écurie, et l'autre dans les marais du Poitou, où elle est soumise au régime du pâturage dans des marais humides, parvenues à l'âge adulte, ne se ressemblent plus.

Le *régime* ne concourt pas moins à la création des races. L'*exercice* développe les membres, entretient les aplombs ; un mauvais régime peut amener le résultat contraire. En attelant de jeunes animaux avec d'autres à allures lentes, on empêche l'allongement des membres. L'engraissement des chevaux outre mesure leur donne un tempérament lymphatique, et le pâturage continuel sur des terrains horizontaux, suivant M. de Sourdeval, contribuerait à donner aux chevaux des marais la tête volumineuse, les genoux arqués, les boulets droits. La pâture aux entraves produit sur les aplombs des résultats fâcheux. Les races élevées exclusivement à l'intérieur sont moins robustes, plus accessibles au froid; leur poil est également moins fourni.

C. — Influence de la génération.

L'influence de la génération sur les races repose sur le grand principe de l'*hérédité*, c'est-à-dire la production, par deux individus qu'on accouple, d'autres individus semblables à eux, ce qu'on exprime encore par l'axiome : *Les semblables produisent des semblables.* Une circonstance remarquable de l'hérédité, c'est qu'elle agit quelquefois à des degrés éloignés; ainsi, un défaut d'un aïeul se reproduira dans le petit-fils, sans que le fils en ait été atteint. On a nommé *atavisme* ou *retour* ce phénomène de l'hérédité.

Le principe admis, beaucoup de questions surgissent dans son application, quant aux qualités ou aux défauts plus ou moins transmissibles, et à l'influence, dans cette transmission, des reproducteurs et de la race.

On peut placer dans l'ordre de transmissibilité :

1o La robe, la couleur et la finesse des poils ; les épis du genre de ceux indiqués par Guénon ; les plis qu'offre la peau, comme le fanon, le jabot des moutons ; les colorations ou les taches ou *mélonases* de la peau : cette particularité permet de reconnaître facilement le croisement dans une race à robe de couleur bien déterminée;

2º La constitution, c'est-à-dire les qualités ou les défauts organiques, les prédispositions à des affections du poumon, des viscères abdominaux, du système nerveux, la subtilité ou la faiblese des organes de la vue, de l'ouïe, de l'odorat. On a remarqué que, la longévité ou la disposition à vivre longtemps était transmissible ; c'est, du reste, une conséquence de la constitution ;

3º Les facultés instinctives ou affectives, bonnes ou mauvaises, telles que la vigueur ou la paresse, la docilité ou la méchanceté. On a remarqué que les produits d'étalons rétifs héritaient de ces défauts. Les aptitudes acquises agissent même, suivant certains éleveurs : un bon chien de chasse, un cheval bien dressé transmettent des dispositions analogues ;

4º *Les formes*. Celles acquises se transmettent moins que celles apportées en naissant ; cependant, une conformation améliorée par l'exercice ou la nourriture, comme des membres bien musclés, une poitrine, un bassin bien développés, peuvent se transmettre ; il en est de même, jusqu'à un certain point, de quelques modifications artificielles. On a même prétendu que les produits d'étalons à queue courte avaient cet organe moins fourni de poils ; qu'en coupant les oreilles à des chiens mâles reproducteurs, on obtient en cinq générations des produits à oreilles rases ; ce fait est douteux ;

5º Le tempérament, en tant surtout qu'il est acquis ;

6º La taille.

On a placé les formes, la taille et le tempérament au dernier rang, quoique ces propriétés héréditaires soient éminemment transmissibles, parce que le régime peut ultérieurement faire disparaître en partie ces dons de la naissance.

On reconnaît généralement que le père et la mère exercent

une influence égale sur-le produit. Cependant, cette opinion n'est pas unanime ; des éleveurs admettent des influences variables suivant le sexe, la santé, la race des reproducteurs.

Le sexe. Divers éleveurs ont cru remarquer que la femelle donnait plus fréquemment la taille, et le mâle plus spécialement les formes. Ainsi, le produit de l'ânesse et du cheval est plus petit que celui de l'âne et de la jument. Une grande femelle offre, en effet, un développement du fœtus, un bassin plus vaste et des ressources plus grandes d'alimentation ; cependant, on voit fréquemment des animaux de grande taille issus de petites femelles.

Quelques éleveurs prétendent que le premier mâle qui a sailli une femelle a de l'influence sur les produits qui naîtront, ultérieurement, de l'accouplement de cette femelle avec d'autres mâles ; cette opinion a besoin d'être confirmée.

D'autres pensent que le mâle influe sur la conformation antérieure, et la femelle sur la croupe et les reins. Il paraît, en effet, admis que, dans l'amélioration par les mâles, les parties antérieures du corps se modifient plus rapidement ; la laine s'affine plus lentement sur les parties postérieures ; enfin, dans le croisement durham, la croupe est longtemps à prendre l'ampleur de celle du père.

Les produits mâles ressemblent-ils plus à la mère, et les produits femelles davantage au père ? Le mâle transmet-il plus que la mère le tempérament, l'ardeur pour le travail, les défauts de caractère ? la mère, plus que le père, le système nerveux, le système nutritif et l'aptitude à l'engraissement ? Le taureau, plus que la vache, communique-t-il au produit les qualités laitières, et a-t-il plus d'action sur le développement des cornes, la grosseur de la tête ? Le bélier influe-t-il plus que la femelle sur la finesse de la laine ?

Sur toutes ces questions, des éleveurs se prononcent pour l'affirmative, d'autres pour la négative.

Si les rapports de ressemblance sont souvent plus apparents dans un troupeau, c'est que tous les animaux sont issus dumême mâle, tandis que chacun a une mère différente et plus ou moins semblable à ses compagnes. Si on choisit un mâle pour type reproducteur, c'est qu'un seul mâle peut, à la différence de la femelle, donner immédiatement un grand nombre de produits. Enfin, les étalons étant ordinairement mieux choisis et mieux soignés, leur influence est généralement plus marquée.

La santé et la vigueur. Il y a probabilité que celui des deux reproducteurs qui est le plus vigoureux, le plus ardent, produit des individus de son sexe.

L'âge. Par la même conséquence, des mâles trop jeunes ou trop vieux, avec des femelles vigoureuses, donnent plus de femelles ; des femelles trop jeunes, trop vieilles ou trop faibles, donnent plus de mâles.

La race des reproducteurs. Le produit prend davantage de la plus anciennement formée, et qui a ainsi acquis plus de constance. Il prend également davantage de celle qui est mieux en rapport avec les conditions locales. Enfin, les races pures influent plus que les races métissées, les races naturelles davantage que celles formées plus ou moins artificiellement.

Quelques personnes ont souvent prétendu pouvoir faire naître à volonté des mâles ou des femelles ; mais cet art prétendu de la PROCRÉATION DES SEXES est resté une chimère dans la génération des animaux domestiques comme dans celle de l'espèce humaine.

SECTION II. — RÈGLES DE L'ÉLEVAGE.

Il y a trois choses à considérer dans l'élevage : le but qu'on se propose, les moyens à employer, la mise en œuvre de ces moyens.

§ 1. — *But de l'éleveur.*

L'éleveur doit d'abord bien arrêter le but qu'il se propose

d'atteindre, et y persévérer ensuite, tout en apportant à sa marche les modifications que lui indiquerait l'expérience. L'opération de l'élevage se divise souvent ; une localité fait naître et vend dans le premier âge, l'autre élève jusqu'à l'âge adulte, une troisième entretient l'animal de travail et le revend à une autre qui fait l'engraissement. Ces différences sont la conséquence de circonstances culturales ou commerciales, que le cultivateur doit étudier. Le sol, le climat, l'état de culture, les ressources dont on dispose, les débouchés déterminent, pour l'éleveur, l'espèce et la race à choisir, le but à poursuivre ; le *profit net* est le but définitif. Il sera toujours prudent, pour un cultivateur étranger à une localité, de ne prendre un parti qu'après avoir, pendant quelque temps, suivi ou étudié l'élevage du pays.

Le cultivateur n'oubliera pas que ses ressources devront être toujours en rapport avec le but qu'il se propose ; que l'élevage des races distinguées, du pur sang, par exemple, est chanceux, qu'il exige beaucoup de soins et des dépenses qu'il réalise lentement ; que la création d'une race est une opération difficile, longue et coûteuse ; que l'amélioration d'une race déjà existante, quoique plus facile, exige cependant des ressources bien calculées, un sol et une production fourragère en rapport avec l'amélioration à produire, le concours d'agents intelligents et une grande persévérance ; qu'il y a quelque danger à compliquer une amélioration, soit en agissant sur plusieurs espèces en même temps, soit en voulant obtenir d'une race plusieurs améliorations à la fois, par exemple le lait et les formes, l'aptitude au travail et à l'engraissement.

La *spécialisation* ou l'amélioration d'une race au point de vue d'une aptitude spéciale, la viande, le lait, la laine, etc., sera avantageuse, lorsque les conditions locales de climat, de régime, de débouché, seront en rapport avec cette production spéciale : elle devra donc être précédée d'une étude approfondie de ces conditions. Un essai inintelligent peut détruire des aptitudes préexistantes, sans atteindre une spécialisation réelle.

§ 2. — *Moyens d'amélioration des races.*

Les moyens varient suivant l'espèce et le but ; on en indiquera plusieurs dans la zootechnie spéciale. Cependant, la
reproduction prend trois formes principales ; il y a : 1º la
reproduction dans la race locale, sans mélange ; 2º l'importation, pour élever sans mélange une race indigène ou étrangère ; 3º le croisement.

A. — Amélioration de la race.

Elle a lieu par le régime, ou par génération. Lorsque la
race est déjà bonne et ancienne, son amélioration par elle-
même a des avantages ; elle est déjà acclimatée, elle est accep-
tée par l'opinion, on connaît ses résultats. Si l'amélioration
qu'on veut faire ne consiste que dans l'accroissement de la
taille, une plus grande production laitière, plus d'aptitudes à
l'engraissement, aptitudes déjà existantes, le régime et la
sélection suffiront. Par le croisement, on risque de modifier
la robe, le cornage, le tempérament et certaines aptitudes. On
peut, en choisissant les animaux exempts des défauts les plus
saillants dans la race, les accoupler pour en former des types
reproducteurs ; ce mode se nomme reproduction par *sélection*
ou choix.

Mais lorsque la race n'a pas de qualités spéciales, l'amélioration par le régime ou par la génération dans la race sera
insuffisante ; on doit avoir recours au croisement. Il en est de
même lorsqu'il s'agit de donner à la race des aptitudes qui
lui sont étrangères. On ne fera pas, par la sélection, un cheval fin d'un boulonnais, un mérinos d'un mouton flamand.

La sélection est, du reste, un procédé d'amélioration très-
lent, exigeant beaucoup de sagacité, de capitaux et de persévérance.

L'amélioration dans la race, soit pure (soit même métissée), peut avoir lieu entre individus *parents* ou non *parents ;* dàns le premier cas, on l'appelle reproduction *en dedans ;* on ne l'entend, du reste, que de la parenté en ligne directe. On nomme (dans l'élevage) *consanguinité* la parenté entre individus provenant d'un même père et d'une même mère.

L'accouplement d'individus consanguins donne des produits d'une ressemblance plus exacte; mais il a l'inconvénient de perpétuer les vices de constitution et de les développer, tandis que ces vices peuvent se corriger par l'accouplement avec des individus d'autres familles. Lorsqu'on l'adopte exclusivement, il a l'inconvénient de restreindre le nombre des individus qu'on peut choisir ; on lui reproche encore de diminuer la fécondité de la race. Cette influence nuisible pour les qualités, consistant principalement dans la *force,* l'*énergie,* peut au contraire accroître certaines propriétés résultant de la débilitation de la constitution, telles que la prédisposition à l'engraissement, la finesse de la peau, de la laine, la blancheur des tissus organiques, etc. On doit, dans ce mode de reproduction, préférer l'accouplement avec leur descendance à celui de la femelle avec ses produits des mâles.

B. — Importation des races.

La *reproduction* par races importées ne peut être qu'exceptionnelle ; elle a lieu soit dans un pays neuf ou non éleveur, soit dans le but de fournir des types reproducteurs. Bornée aux animaux indigènes, c'est une opération fréquemment employée ; ainsi, le nord prend les poulains de l'ouest ; on a porté la race bovine flamande et normande dàns les marais de la Vendée, les agenais dans le Limousin, etc. Ces importations, bien raisonnées, sont souvent convenables, si toutefois on les accompagne d'un régime analogue à celui du pays d'origine.

On importe généralement les mâles, ce qui se justifie par le plus grand nombre de produits qu'on peut rapidement en obtenir, par l'influence plus prononcée du mâle dans les croisements ; cependant, l'importation de femelles sera nécessaire pour constituer un troupeau. Dans l'achat des sujets à importer, l'origine ou *pédigrée*, les prix obtenus sont à considérer; mais on se défiera des sujets engraissés extraordinairement, de ceux préparés pour les concours ou pour la vente, de ceux d'un âge déjà avancé.

L'importation d'animaux étrangers est, dans quelques circonstances, le seul moyen de doter un pays de certaines races. Ainsi, la France a conquis le *mérinos*, l'Angleterre le *pur sang ;* mais ces importations sont dispendieuses, et il faut qu'elles soient justifiées par une qualité évidente dans la race importée, et qui ne se retrouve pas dans les races du pays. En tout cas, c'est moins pour l'élevage exclusif que pour le croisement que ces importations ont été faites. On doit toutefois importer des races bien arrêtées, ayant acquis un certain degré de constance, convenant au pays, et des individus d'élite. Les races importées perdent, ordinairement, de leur caractère ; on doit y mêler, de temps en temps, du sang originaire pour *renouveler le sang.*

C. — Croisement.

Le croisement a lieu en accouplant deux races indigènes différentes : exemple, les races normande et flamande ; ou une race indigène ou étrangère : exemple, le dishley et le picard ; ou deux races étrangères : le dishley et le mérinos. Le second mode est le plus général. On produit ainsi des métis ; quelquefois, cependant, on peut former une race différente de l'amalgame de plusieurs autres : c'est une opération fort difficile. Il est à peu près impossible de diriger le croisement de trois ou quatre races ensemble.

Le croisement est quelquefois indispensable pour donner à des races des qualités qu'elles ne possèdent pas ; il peut perfectionner les aptitudes qu'elles possèdent déjà ; il doit avoir

lieu lorsque la sélection ou la reproduction en dedans per-
pétuerait certains vices inhérents à la race indigène ; c'est
un procédé, enfin, plus simple et plus rapide que la sélection.

En tout cas, on ne doit croiser qu'à l'aide d'une race bien
fixée, c'est-à-dire *constante*. La constance ne s'établit qu'a-
près un certain nombre de générations ; les Anglais veulent
huit générations au moins. On doit croiser par des mâles ; il
ne doit pas exister de trop grandes différences dans les races
qu'on veut croiser ; les sujets doivent être en quelque sorte
appareillés. On a proposé, si les races étaient trop différentes, de ne pas brusquer le croisement, mais d'agir gra-
duellement, en employant d'abord du demi-sang, de revenir
accidentellement même à une reproduction de la race primi-
tive, si l'action du type améliorateur avait agi défavorablement
sur quelques qualités à conserver. On s'arrêtera à un degré
déterminé de croisement, suivant le but qu'on voudra atteindre, en revenant cependant de temps en temps à un mâle
de type améliorateur, si surtout on n'employait habituellement que des mâles du troupeau.

§ 3. — *Choix des reproducteurs.*

Les conditions que doivent remplir les reproducteurs sont,
soit *extérieures*, c'est-à-dire dépendantes de sa race, de son
origine, du régime ; soit *inhérentes* à l'individu, comme l'aptitude à la production, l'âge, une saine constitution, la conformation convenable, la vigueur et la santé.

A. — Conditions extérieures.

On devra choisir des reproducteurs dont, autant que possible, l'origine soit bien établie, dont la famille ou la souche
ne soit pas affectée de vices particuliers, et surtout d'infécon-
dité. On repoussera ceux provenant de contrées malsaines,
de localités où règnent certaines affections, comme la fluxion

périodique, l'hydroémie, le sang de rate, etc.; ceux dont le régime a été mauvais.

B. — Conditions inhérentes à l'individu.

Les animaux sont inaptes à produire par un vice organique; on les dit alors *impuissants* si ce sont des mâles; *stériles* si ce sont des femelles; ils peuvent être seulement peu féconds; l'épuisement, l'âge, l'excès de graisse, une mauvaise disposition des organes chez la femelle, diminuent la fécondité; la castration, une lésion des organes, une mauvaise conformation des membres postérieurs, la faiblesse des jarrets et des reins, trop d'embonpoint, rendent encore le mâle impropre à la monte.

L'*âge* du reproducteur ne peut être fixé d'une manière précise; on demande en général que les femelles aient acquis au moins les trois-quarts de leur croissance; les mâles peuvent saillir plus jeunes, pourvu que l'on ne les livre pas trop fréquemment à la monte.

§ 4. — *Appareillement.*

Nous avons dit ce que c'était qu'une bonne constitution: quant à la conformation, il est évident qu'elle doit être en rapport avec le produit à obtenir; c'est là surtout l'objet de l'appareillement.

L'appareillement est l'art d'assortir le mâle et la femelle de manière à faire produire au principe d'hérédité le résultat qu'on désire obtenir. La considération de la taille, de la conformation, de la constitution, doit jouer un grand rôle dans l'appareillement.

En général, il ne doit pas exister de disparates trop grands sous ces divers rapports entre les reproducteurs; cependant on ne doit jamais craindre d'exagérer ce qui est une qualité: il n'y aura jamais danger à donner un étalon à garrot élevé, à articulations larges, un taureau à vaste poitrine, à fesses charnues, à une femelle très-laitière ; ce qu'on doit éviter; ce sont les excès dans la taille, dans la longueur des membres, la grosseur des os. On peut cependant corriger certains défauts par les qualités, et même par les défauts opposés d'un des deux générateurs. C'est ainsi qu'on donne une jument à pied plat au baudet dont le sabot est encastellé. On admet en général que le mâle doit être proportionnellement plus petit que la femelle. Cette règle subit quelques exceptions; mais il faut toujours éviter de vouloir améliorer une petite race par de grands mâles. Il ne faut pas vouloir non plus détruire à la fois, par l'appareillement, tous les défauts de conformation; on les attaquera successivement avec plus de succès.

§ 5. — *Conception et gestation, élèvage.*

On a indiqué dans la physiologie des fonctions de la reproduction les soins généraux qu'exigeait la femelle pendant la gestation et au moment du part. Les détails de l'élevage des divers animaux domestiques prennent un cachet tellement spécial, suivant chaque catégorie de ces animaux, que nous devons les renvoyer au traité réservé à chacun d'eux.

CHAPITRE II. — ALIMENTATION.

SECTION Ire. — BASE DE L'ALIMENTATION, ALIMENTS EN GÉNÉRAL.

§ 1. — *Aliments.* — *Boisson.*

Les **aliments en général** sont des substances qui, introduites dans l'appareil digestif, se transforment en *sang,* et, ainsi transformées, servent 1° à entretenir la chaleur animale qui se lie essentiellément à la vie ; 2° à fournir les matériaux et les tissus propres à former le corps de l'animal ou à réparer ses pertes.

La chaleur animale se conserve particulièrement par la combustion, dans l'appareil circulatoire, du *carbone* et d'une portion d'*hydrogène*, produits des principes carbonés et hydrogènes du sang ; combustion accompagnée de l'évaporation d'une certaine quantité d'*eau,* également fournie par ce liquide.

La formation et l'entretien des tissus animaux a lieu également aux dépens de ces principes, mais aussi et plus spécialement des *principes azotés* et minéraux du sang : albumine, fibrine, hématozène, phosphates calcaires et magnésiens.

D'après ce double mode d'action des principes du sang, on a divisé ceux-ci en *éléments respiratoires* fournissant les matériaux de combustion pulmonaire, et en éléments *plastiques,* plus spécialement destinés à la formation des tissus.

La même division a dû être appliquée aux aliments qui fournissent ces principes au sang ; on a nommé aliments respiratoires ceux où dominent le carbone et l'hydrogène, comme les huiles, les graisses, les fécules, le sucre ; et aliments plastiques, ceux riches en principes azotés analogues à la protéine, à l'albumine, à la fibrine, caséine. (V. *Notions de chimie,* sol et engrais.)

Beaucoup d'aliments, toutefois, sont en même temps plastiques et respiratoires ; ainsi, les fécules, les graisses, etc., fournissent des matériaux aux tissus, et les principes azotés renferment quelquefois à leur tour assez de carbone pour fournir à la combustion. Les proportions des principes plastiques ou respiratoires, nécessaires à l'animal, varient suivant leur nature : les *carnivores* exigeront plus d'aliments azotés ; les oiseaux brûleront plus de principes carbonés.

Aliments du règne inorganique. Les substances métalliques et terreuses des aliments et du sang, le fer, le phosphore, la chaux, la soude, la magnésie, le chlore, etc., indépendamment de leur action dans la formation des tissus, jouent encore dans l'économie animale des rôles particuliers qui, pour n'être pas parfaitement définis, n'en sont pas moins importants. Les aliments contiennent en général ces substances inorganiques en quantité suffisante ; dans le cas contraire cependant, on les introduit quelquefois dans l'alimentation. Ainsi, les eaux peuvent être rendues alcalines par la chaux, la potasse ; de l'eau de chaux est mélangée à des matières trop acides ; on y ajoute également du fer pour combattre certaines affections.

Le *sel marin* est surtout employé soit comme *condiment*, soit comme principe même d'alimentation. Son emploi a été l'objet d'expériences et d'une vive polémique qui laisse encore des doutes planer sur la question. Il paraît cependant prouvé qu'un certain nombre de cultivateurs s'en sont bien trouvés.

Il est inconstestable qu'en mêlant du sel aux foins avariés, on assure leur conservation et on en améliore la nature ; en aspergeant d'eau salée certaines substances grossières, on les rend plus appétissantes ; en mêlant un peu de sel aux pulpes de pommes de terre, de betteraves, etc., on remplace ainsi le sel qui leur a été enlevé par le lavage.

La ration de sel pour les animaux dépendra des circonstances ; près de la mer et dans les contrées où l'herbe et les eaux renferment déjà du sel, elle doit être moins considérable. On indique comme dose par jour et par tête, dans la condition où l'addition du sel est nécessaire : chevaux, 30 à 40 grammes ; vaches et bœufs, 60 à 100 grammes ; jeunes animaux, suivant le poids, de 25 à 60 grammes ; moutons, de 1 gr. 5 à 2 grammes ; porcs, de 40 à 50 grammes. On administre le sel pulvérisé ou dissous et mélangé aux aliments. On met encore à la portée des animaux des pierres de sel gemme ou des *nouets* qu'ils peuvent lécher.

Le *sulfate de soude* agit sur l'économie des animaux d'une manière autre que le sel marin ; il est plutôt considéré comme purgatif ; on le substitue cependant quelquefois au sel à raison de son prix inférieur (10 à 15 fr. les 100 kilog.).

Boissons. L'eau est un accessoire indispensable de l'alimentation ; outre qu'elle renferme quelques principes assimilables ou réparateurs, elle fournit à la circulation et au corps tout entier les parties liquides qui lui sont indispensables. L'eau sert en outre de délayant et de véhicule aux autres substances alimentaires ; enfin les eaux contiennent toujours en dissolution une assez grande quantité de sels et de gaz qui sont ainsi introduits avec elle dans l'économie animale. Les eaux peuvent, suivant leur origine, agir un peu différemment sur l'économie : les eaux de source et de puits sont ordinairement dures et froides en été ; les eaux qui sortent des forêts sont chargées de principes acides ou astringents ; les eaux de pluie convenablement recueillies sont salutaires. En général, il est bon que l'eau soit aérée ; l'eau de puits ou de source devra être recueillie dans un abreuvoir où elle recevra cette aération. C'est une bonne mesure que d'établir dans les vacheries, bergeries, etc., de grands réservoirs, recevant l'eau des toitures et placés à un niveau assez élevé pour que cette eau se distribue d'elle-même à volonté dans les auges d'abreuvement. On a ainsi une eau salubre, d'une température toujours égale. Ce système existe à Grignon.

Les eaux sont quelquefois chargées de sels de chaux, rarement cependant jusqu'au point d'être nuisibles ; dans ce cas, elles sont rudes aux mains, ne dissolvent pas le savon, cuisent mal les légumes. Dans les abreuvoirs, on peut, suivant les circonstances, jeter quelques sels de chaux si le pays n'est pas calcaire ; un peu de son, et agiter les eaux avec la main, si elles sont trop froides, en été surtout ; en hiver, la température des puits permet de donner l'eau immédiatement. Quoique les animaux boivent souvent de préférence les eaux des *mares* chargées de purin, on devra cependant maintenir les mares aussi propres que possible, surtout à l'époque des grandes chaleur où les eaux se concentrent et croupissent. L'essentiel sera toujours de ne jamais laisser les animaux manquer d'eau, principalement en été et lorsqu'ils sont alimentés au sec ; on devra la proportionner à leurs besoins. Il est difficile de déterminer la quantité d'eau que réclame chaque animal : cette quantité dépend en effet de sa taille, de son régime, de la saison, etc. Un cheval peut boire journellement en moyenne de 20 à 30 litres, une vache 60 à 100, un mouton 1 à 2. La soif sera le meilleur guide, à moins cependant que l'animal soit trop altéré par l'exercice ou la chaleur. On devra le faire désaltérer alors avec modération. On fait boire le cheval ordinairement après son repas, le bœuf ou la vache pendant ; il vaut mieux que les animaux aient de l'eau à leur disposition.

§ 2. — *Conditionnement des aliments.*

- **Salubrité.** La première condition d'un aliment est d'être de bonne nature. On repoussera, avec le plus grand soin, les foins et les pailles avariés, laissant échapper une poussière blanche ou verdâtre, une odeur de moisi ; la plupart des affections de poitrine, d'intestins et des avortements proviennent d'aliments de cette nature. Si la nécessité force à les employer, ils seront bien ventilés, secoués, hachés, mélangés avec des substances saines, arrosés d'eau salée. On repoussera de même les criblures où existent l'ergot, l'ivraie, des grains moisis, de la poussière ; les tourteaux chancis, les pulpes passant à la fermentation putride, les racines gelées ou malades.

La *conservation des fourrages* sera l'objet de soins incessants ; on évitera l'entassement dans les endroits humides au contact du sol, dans des greniers à toiture perméable à la pluie ou à la neige ; pour les racines, les silos seront préférés aux caves trop chaudes, etc. (Voir *Cultures spéciales,* conservation des produits.)

Propreté. Dans la préparation et la distribution sont non moins essentiels : le criblage, le tararage des grains, le passage au cylindre des pailles menues, le lavage des racines, le secouage des pailles ou fourrages, de manière toutefois à ne pas perdre les feuilles et la partie herbeuse. Il en sera de même du nettoyage quotidien des mangeoires, des auges, des crèches, auquel devra veiller un cultivateur soigneux.

L'humidité des aliments varie dans de très-grandes limites. Certaines substances, telles que les pailles, les foins, les légumes secs, en contiennent à peine 7 à 8 p. 100 ; les racines en renferment jusqu'à 92. Pour les aliments très-secs, les boissons peuvent rétablir l'équilibre : on peut encore humecter les matières, les sons, les farineux, laisser tremper les pailles hachées, les grains, etc.; cependant l'eau ajoutée ne remplace pas toujours l'humidité naturelle ; quoique M. Boussingault ait trouvé que le fourrage consommé à l'état vert ou à l'état de foin ne paraissait pas offrir de différence dans sa qualité nutritive, quelques agronomes prétendent, au contraire, qu'en passant à l'état de foin, l'herbe perd un peu de sa valeur alimentaire. Les propriétés se modifient ; souvent aussi des plantes, nuisibles à l'état vert, sont inoffensives à l'état sec.

Les aliments secs conviennent peu aux animaux qui doivent donner du lait ; ils constituent une nourriture échauffante, s'ils sont donnés exclusivement, si les boissons ne sont pas ajoutées en suffisante quantité, si la température est trop sèche.

Trop humides, les aliments sont débilitants et relâchants, et ils prédisposent à certaines maladies, telles que la cachexie ; ils ne conviennent pas aux animaux desquels on exige un travail énergique et surtout une marche rapide. L'union des aliments secs aux aliments humides est une règle d'hygiène ; du reste, par la pression, par la dessiccation à l'air, au four, à l'étuve, à la touraille, par la cuisson à air chaud, à la vapeur, par le mélange avec des substances sèches, on peut débarrasser les pulpes, les racines de leur humidité. (V. *Aliments spéciaux*.)

§ 3. — *Préparation des aliments.*

L'état de dureté et de cohésion rend certains aliments d'une mastication et d'une digestion difficiles, et fait perdre aussi une portion de leurs principes assimilables. On remédie à cet inconvénient en faisant hacher, concasser, broyer, moudre les matières trop dures, plantes, légumes, ajoncs, pailles, fanes, grains et graines. Un autre avantage de ces opérations est de pouvoir faire des mélanges dans les rations, de les régler, distribuer plus facilement, d'employer comme aliments les pailles ou autres matières. On objecte la dépense de la main-d'œuvre et d'instruments ; mais celle-ci s'amoindrit avec un atelier de manutention bien disposé, tels que ceux qui existent aujourd'hui dans de bonnes exploitations, telles que celles de MM. Vallerand, Leduc, Decrombecque, Giot, le comte de Bouillé, etc. On n'abusera pas toutefois de ces moyens pour les animaux de travail surtout ; la mastication et l'insalivation sont des conditions essentielles pour la bonne digestion des aliments.

Hachage. Les pailles, foins, herbes sont coupés à l'aide du hache-paille, dont il existe des modèles fort nombreux. Les problèmes à résoudre dans la construction du hache-paille sont : 1° d'amener la paille sous le couteau facilement et sans dépenser trop de force ; 2° d'offrir à la section une quantité et une longueur déterminées, avec ou sans intermittence, et variables à volonté ; 3° de couper facilement, net, sans choc. De nombreux modèles anglais et français remplissent à peu près ces conditions en tout ou partie. On distingue, suivant la disposition de leurs couteaux : 1° le *hache-paille à levier ;* le hache-paille à guillotine est une variété de celui-ci ; 2° le *hache-paille à disque,* dont les couteaux sont fixés sur un volant vertical; 3° le *hache-paille à cylin-dres*, ayant ses couteaux fixés sur un cylindre.

Sous le rapport du mouvement, on a encore les hache-paille à vis sans fin, à engrenages, à bielle, à cames; ceux à mouvement continu alimentant pendant la section du cou-teau, ou intermittent dans le cas contraire; enfin les hache-

Fig. 16.

paille à bras ou à moteur; indépendamment des hacheurs spéciaux, à sorgho, ajonc, etc.

On n'emploie plus guère aujourd'hui, dans la majeure par-tie des exploitations rurales de France, que des hache-paille à disque dont les couteaux sont fixés sur un volant mû à bras ou auquel on transmet la force d'un moteur quel-conque.

Les figures 16 et 17 montrent un des meilleurs types de ce genre. La figure 16 représente le hache-paille à mouve-

ment rotatif de Meixmoron-Dombasle, vu du côté de l'arbre
du volant, et la figure 17 le même instrument vu du côté
des engrenages.

Au fur et à mesure que tourne le volant, la paille, placée
dans la caisse en bois que montrent les figures, et pressée par
un contre-poids, est amenée sous le tranchant des lames au
moyen de deux cylindres, dits cylindres alimentaires, qui tournent en sens contraire et agissent à la manière d'un laminoir.

Fig. 17.

Le hache-paille de M. Bodin (fig. 18), dont la construction
repose à peu près sur le même principe, est aussi un très-
bon instrument. C'est toujours un volant armé de couteaux
qui tranchent la paille en morceaux de 10 à 20 millimètres
de longueur.

Les lames des hache-paille à disque varient en nombre de
1 à 3. La suppression momentanée d'une ou deux lames est
un moyen d'augmenter proportionnellement la longueur de

la paille. Les lames doivent être en acier à trempe douce ;
leur tranchant doit attaquer obliquement la paille ; on lui
donne quelquefois une courbe intérieure ou extérieure ; on
les dispose de manière à ce que le tranchant affleure l'ar-
mure en fer de la bouche. La partie inférieure de la bouche,
dans quelques instruments, est formée d'une barre d'acier
à vive arête qui aide l'action de la lame en formant en quelque sorte cisaille. Quand les cylindres sont à mouvement

Fig. 18.

continu, pour éviter la pression de la paille, on place la lame
un peu obliquement au plan de l'ouverture de la bouche.

On peut évaluer approximativement en volume le travail
du hache-paille, en multipliant, par la vitesse moyenne du
passage de la paille, la section de la bouche de l'instrument.
Soit la bouche de 0,25 de large sur 0,8 de hauteur, et la
vitesse de 0,06 par minute, le volume coupé dans ce temps
sera $0,25 \times 0,08 \times 0,06 = 0^{mc},12$, ou par heure $0^{mc},72$.

Soit le poids du mètre cube à l'état de pression où il passe entre les cylindres, 75 kil., le poids coupé serait de 49 kil. 30. La pratique donne par heure en quantités moyennes, longueur de 10 à 15 millimètres : hache-paille à main, 1 homme 40 kil., 2 hommes 100 kil.; hache-paille force d'un cheval 600 kil., 2 chevaux vapeur 1200 kil. Prix de revient à bras : 30 à 50 centimes, à moteurs 15 à 25. La quantité de paille coupée augmente à peu près de 1/4 à la longueur de 20 centimètres, de moitié à 30.

Fig. 19.

La longueur de la paille, pour être mangée à l'état sec et mélangée à la nourriture, doit être de 10 à 12 millimètres, de 15 à 30 si elle est destinée à être mouillée et à fermenter ; même longueur pour le foin ; jusqu'à 30 centimètres pour le vert.

Hache-ajonc. C'est un hache-paille à plus fortes lames, accompagné ordinairement d'un appareil broyeur consistant soit en cylindres cannelés en fonte, systèmes Bodin, Barrel et Exal, Petit de Tours ; soit en un moulin à noix conique, système Cassard et Terolle, de Quimper ; soit enfin en cylindres armés de dents ou couteaux s'engageant pendant la rotation entre d'autres dents, espèce de peignes fixes, systèmes Saint-Martin et Maldan, de Bordeaux, Weedlake (fig. 19), etc.;

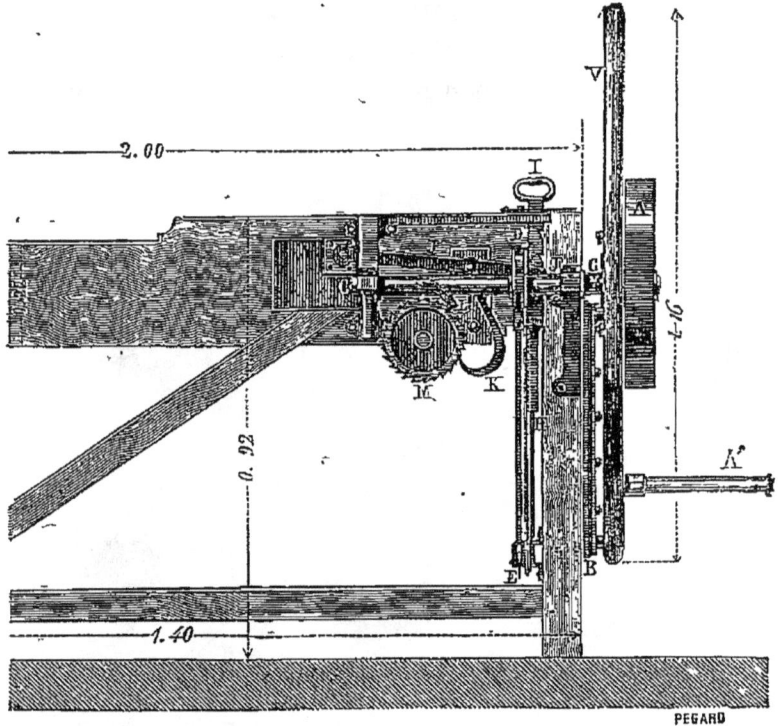

Fig. 20.

A poulie motrice, A' manivelle, B couteau, C axe moteur sur lequel est fixé un excentrique D commandant, par la tige E, la bielle F qui abaisse ou élève le levier J dont la main I règle la course, qui détermine elle-même la longueur de la coupe ; à ce levier est fixé le crochet K ; ce crochet entraîne la roue à rochet M placée sur l'axe du cylindre alimentaire inférieur ; ce cylindre conduit le supérieur par un engrenage vu de l'autre côté ; L doigt d'arrêt de l'encliquetage, V volant.

ces appareils sont un peu compliqués et nécessairement d'un prix élevé rarement à la portée des cultivateurs qui emploient l'ajonc, les Bretons par exemple. M. Bodin sépare le hacheur et le broyeur. Ce hacheur est un hache-paille très-puissant, et le broyeur, qui peut être appliqué à d'autres substances, est également solide et énergique ; la figure 20 donne le profil de cet instrument : prix des deux instruments, 400 à 600 fr.; hache-ajonc Saint-Martin et Barret, 750 fr.

Un coupe-sorgho à cylindre du prix de 180 fr., servant

Fig. 21.

également de hache-paille, a été construit par M. Joly. Nous citerons encore le coupe-feuilles de M. Damon.

Division des racines. Les racines, telles que betteraves, navets, pommes de terre, carottes, etc., sont données aux animaux en fragments ou en pulpes ; cette division, indispensable pour les racines volumineuses, facilite le mélange de ces substances aux fourrages, sons, farines, etc. ; les frag-

6

ments seront moins volumineux pour les petites espèces que
pour les grandes, assez fins pour passer sans inconvénient
dans l'œsophage, si par hasard ils étaient avalés ; les coupe-
racines les débitent en tranches ou morceaux, en prismes
allongés en rubans. On nomme *pulpeurs* ou *râpes* ceux qui
réduisent les racines en pulpes plus ou moins grossières.
Comme les hache-paille, les coupe-racines sont à levier, à
disque ou à cylindre. La très-petite culture coupe les grosses
racines avec un grand couteau ordinaire, un hachoir à manche,
ou enfin le *couteau à choucroûte* à une ou plusieurs lames :
c'est un grand couteau ayant d'un bout une poignée et fixé

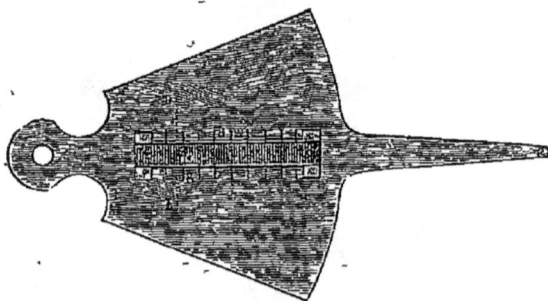

Fig. 22.

par l'autre sur une planche, on coupe encore les racines plus
petites avec une bêche bien affilée, au tranchant de laquelle
on donne quelquefois la forme d'une S ou d'une croix ; dans
ce cas les racines sont placées dans une forte auge en bois.

Un coupe-racines d'une grande simplicité est celui que
construit M. Paul François, de Vitry-le-François, pour la petite
culture. Il se compose d'une caisse en bois A (fig. 21) dont le
fond est formé par une planche de bois munie d'une poignée B (fig. 21). Cette planche, mobile à une de ses extrémités, est percée d'une fente et porte une lame tranchante, qui,
dans le mouvement de va et vient imprimé à la poignée B,

débite les racines en rubans de quelques millimètres d'épaisseur. — Cet outil ne coûte que 12 fr.

Les coupe-racines à disque varient un peu dans les détails et sont fabriqués en France par un grand nombre

Fig. 23.

de constructeurs. Les racines sont jetées dans une trémie ayant le fond en plan incliné et grillé pour l'expulsion des terres et pierres ; au bas de la trémie, dans la paroi opposée au disque, est une ouverture par laquelle les racines sont mises en contact avec ce disque qui porte des couteaux en saillie, et enlève, quand on le met en mouvement, la portion de racines en dehors de la trémie : l'écartement du disque détermine l'épaisseur des tranches, qu'on fait de 5 à 10 millimètres. On subdivise ces tranches, trop larges souvent pour être bien saisies par les animaux, soit en divisant le tranchant par des entailles, comme on le voit dans la figure, soit en plaçant, en avant des grandes lames, de petits couteaux implantés dans le disque du tranchant opposé à celui de ces lames. On plisse encore quelquefois le bord des lames, qui taillent alors les racines en petits demi-cylindres. M. Pernollet emploie au lieu de lames entières de petits couteaux boulonnés séparément sur le bord du disque. Un peu moins so-

Fig. 24.

lide peut-être, cette disposition permet de varier l'écartement des dents et évite le changement d'une lame entière, quand il arrive un accident. Il se fait de petits coupe-racines à disque depuis 40 fr. M. Bodin en construit de solides à 60 fr. M. Hennequin, de Montcornet, fabrique des coupe-racines à lames multiples pour les bergeries. Pour empêcher le disque de vaciller, l'œil du centre reçoit l'axe dans un petit manchon de 0m,20 de long.

M. Pinet donne au disque qui porte les couteaux une forme conique. La figure 23 représente le coupe-racines qu'il fabrique aujourd'hui ; la figure 24 montre en A B la forme du disque conique sur lequel sont fixées les lames tranchantes de l'instrument.

On construit aussi des coupe-racines à cylindres. La pièce principale de ces instruments est un cylindre en fonte, muni de couteaux qui tranchent les racines. Le principe est toujours le même; il est donc inutile d'insister sur la construction de ces appareils.

Fig. 25.

Pulpeurs. Réduites en pulpes, les racines se mêlent bien aux fourrages hachés, auxquels elles abandonnent mieux leur humidité. En France depuis longtemps, grâce aux féculeries, sucreries et distilleries, la plus grande partie des racines s'emploie sous cette forme; dans ces usines, ce sont

6.

des *râpes* ou de puissants coupe-racines qui, aidés de la macération, produisent ces pulpes. En Angleterre, où le turneps représente la masse des racines fourrages, on a créé pour la ferme des instruments spéciaux sous le nom de *pulpers* et de *graters* (râpes). Le pulpeur de Bentall et celui de Biddel sont les plus répandus. Le pulpeur de Biddel (fig. 25) se compose d'un cylindre B, armé de dents à sa périphérié, et tournant au fond d'une trémie A. Dans le pulpeur de

Fig. 26.

Crosskill, les racines sont réduites en pulpe par un grand disque bombé, dont la surface est armée de dents nombreuses fixées par une queue qui traverse le disque, et est arrêtée au moyen d'une cheville de bois. Ces instruments sont chez M. Ganneron, ainsi que les *gratters* de Barnard, Boxter et Bush, également à disque, mais non bombés et moins énergiques. On trouve aussi à la fabrique de M. Bodin, à Rennes, un dépulpeur que la figure 26 représente en perspective.

Quantité de travail. Elle varie suivant la grosseur des morceaux et la vitesse de la force employée ; on peut admettre par heure, en tranches ou morceaux de 25 à 50 grammes avec un couteau à main, 40 à 60 kilog. ; petits coupe-racines à levier, 80 à 100 kilog. ; coupe-racines à disque ou à cylindre à main, 2 hommes, 400 à 500 kilog. La quantité sera moindre de 1/4, si on coupe en petits prismes ; 1/3, si l'on réduit en pulpe grossière. Les coupe-racines à moteur font trois fois plus de travail avec la force d'un cheval.

Lave-racines. Les racines fraîchement arrachées, dans les terres tenaces surtout, sont difficiles à nettoyer ; en séchant, la terre se détache ; quelques-unes, comme le topinambour, se débarrassent moins aisément de cette terre et des pierres particulièrement dangereuses pour les coupe-racines ; dans la petite culture, on les lave dans un baquet à l'aide d'eau et d'un balai un peu rude ; on emploie encore une cage cylindrique tournant à demi-plongée dans une auge ; on adapte à cette cage une porte pour l'emplir et la vider. Pour faciliter cette opération, Crosskill fixe aux coussinets qui portent l'axe, armé alors de pignons, deux crémaillères s'élevant en plan incliné, de manière qu'en faisant tourner la manivelle de ce côté, l'axe gravit ce plan, et arrive en un point où la cage sortie de l'eau est en dehors dès bords de l'auge ; on ouvre la porte, les racines tombent, et en tournant la manivelle en sens inverse, la cage revient à sa position première. Ce lave-racines coûte 180 fr. M. Guillemin de la Source (Aveyron) arrive au même résultat en plaçant l'axe de la cage (fig. 27) à l'extrémité d'un châssis formé de deux leviers coudés, réunis par des traverses. Lorsqu'on a suffisamment lavé les racines, en faisant tourner la cage dans l'auge, on soulève, en appuyant sur l'extrémité du levier la cage qui va se placer dans la position où elle est représentée (fig. 27). Cet appareil peut coûter 60 fr.

Lorsqu'on opère sur de grandes quantités, on prend le lave-racines à hélice (fig. 28), qui se fabrique chez M. Hidiard,

à Rouen ; il est indispensable, pour les betteraves surtout
que l'hélice ait une certaine longueur. Deux mètres sont nécessaires pour des racines un peu chargées. Dans les usines,

Fig. 27.

on emploie des espèces de hérissons qui agitent et retournent
les betteraves, lorsqu'elles sont trop boueuses.

Broyage et concassage.

La division des matières alimentaires dures, telles que

grains, graines et tourteaux, s'opère de différentes manières, suivant leur nature et leur destination. Elles sont, soit réduites à l'état pulvérulent par le *broyage* et la *mouture*, soit *concas-*

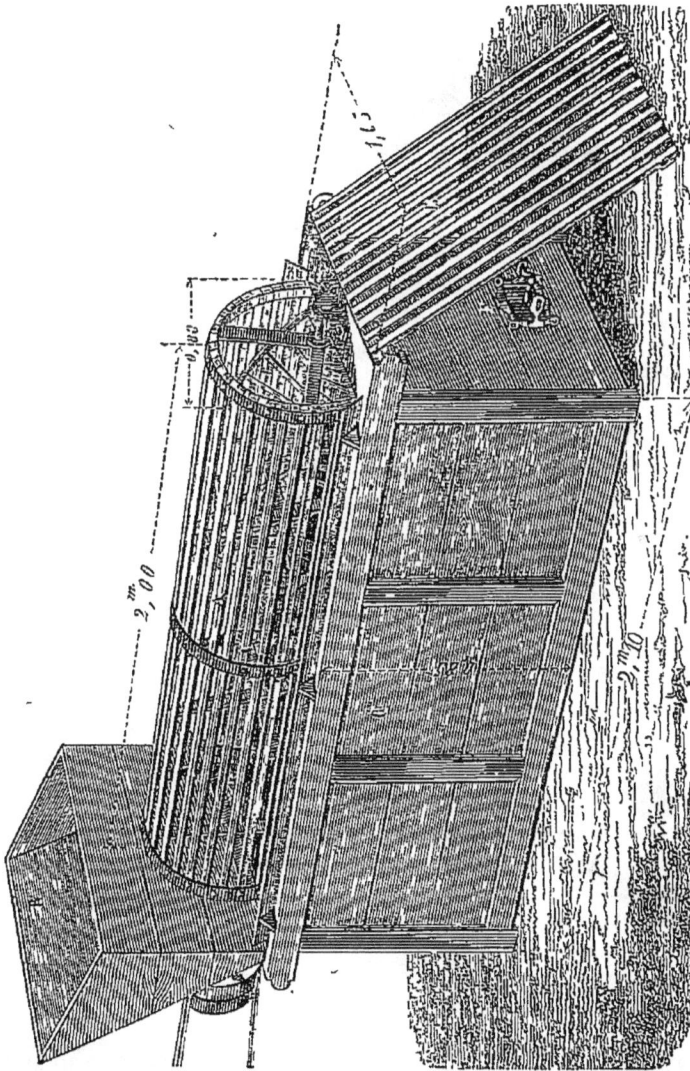

Fig. 28.

sées en fragments comme le sont les tourteaux dans l'appareil de Coleman et Marton (fig. 29). Les grains peuvent encore être seulement *aplatis* sans division.

Le broyage en particules fines s'opère principalement à l'aide de meules ou de noix en acier. Les meules de moulin horizontales sont éminemment propres à cette opération ; les

Fig. 20.

meules verticales, analogues à celles des huiliers, chocolatiers, etc., plus simples et moins dispendieuses d'installation, sont plus accessibles pour le cultivateur. On établit ces appareils à 1 ou 2 meules pour marcher à la vapeur ou par che-

vaux, depuis 50 fr. Au prix de 400 fr., on construit des appareils à deux meules en fonte, avec transmission par roue
d'angle, piste en fonte, râteau et auge circulaire. Ces meules

Fig. 30.

servent en même temps à broyer dans la ferme les tourteaux
pour engrais, le plâtre, le ciment, etc.

L'aplatissage des grains pourrait évidemment s'obtenir
encore à l'aide de ces meules ; toutefois Ransomes, Turner,

Stanley ont construit, dans ce but, en Angleterre, des instruments spéciaux qu'ont reproduits en France, plus ou moins modifiés, MM. Peltier, Bodin, Ganneron, etc. Dans l'aplatisseur de Turner, un disque étroit, de très-grand diamètre, est placé à côté d'un autre beaucoup plus petit qu'il entraîne par le simple frottement ; le grain descend de la trémie par une soupape dont un axe à taquet, mû par une poulie que commande le petit cylindre, règle la distribution. Cette disproportion dans le diamètre des cylindres a pour but de prévenir un laminage trop prolongé du grain, qui, aplati brusquement, se conserve entier. Elle paraît également plus favorable à l'écrasement de la graine de lin très-employée en Angleterre ; en France, où l'appareil s'applique à peu près exclusivement à l'avoine, on a pu, sans inconvénient, comme l'a fait M. Peltier, diminuer beaucoup le diamètre du grand cylindre et en augmenter la largeur. On trouve encore chez les dépositaires d'instruments agricoles un très-élégant concasseur construit par M. Bodin (fig. 30).

L'aplatissage de l'avoine et de l'orge, très en usage en Angleterre, a des résultats avantageux, résultats économiques surtout, constatés par les rapports de M. Renaud et de plusieurs vétérinaires ; il convient plus particulièrement dans le mélange de la paille hachée, et pour les chevaux un peu usés.

Concasseurs. Les concasseurs sont de trois espèces : à cylindres, à noix ou à meules. Cette dernière n'est qu'un petit moulin à meules ordinaires, vives et suffisamment écartées ; on emploie encore de cette manière les moulins ordinaires. Des concasseurs à noix rappellent la forme du moulin à café ; la noix a seulement plus de volume. M. Hallié, de Bordeaux, construit, sous le nom de concasseur universel, un instrument à manége de ce genre.

Les concasseurs de Biddel construits par Ransomes appartiennent également à cette classe. Le concasseur à féveroles n° 1 est du prix de 100 fr. environ. L'organe principal est en effet une noix cylindrique en fonte, à la périphérie de laquelle sont encastrés des prismes d'acier dont la section présente un triangle équilatéral et dont les trois arêtes sont tranchantes, de manière qu'on peut, quand une arête est émoussée, tourner le prisme et présenter la 2ᵉ, puis enfin la 3ᵉ en dehors. Le grain, distribué de la trémie par une palette mobile, est brisé entre les dents du cylindre et un autre prisme d'acier placé au-dessous qu'on fait avancer plus ou moins à l'aide de la vis *e*, pour régler le débit. La noix du concasseur d'avoine, exposée à une usure moins rapide, se compose d'un cylindre en fer de 0ᵐ,10 de diamètre, à la surface duquel sont encastrées des lames d'acier.

Les concasseurs à cylindres sont plus nombreux; ils se composent en général d'une seule paire, et de deux paires par exception pour quelques concasseurs de tourteau à double effet. Les cylindres sont côte à côte, rarement superposés; pour augmenter l'action de division du grain, on les fait quelquefois inégaux, quand ils tournent dans le même sens, comme les aplatisseurs; ils peuvent être égaux s'ils tournent en sens opposé.

Généralement la surface des deux cylindres, ou de l'un des deux, porte des cannelures qui entament le grain; dans certains concasseurs, les cannelures sont en spirale et s'entrecroisent quand les cylindres tournent, de manière à mieux déchirer le grain. Le concasseur de Clyburn a deux cylindres profondément cannelés en travers, excellents pour le concassage des graines fines, tant que les angles sont vifs. Les cylindres des broyeurs de tourteau sont formés, pour la plupart, de disques dont les bords sont taillés en dents de scie ou en pointe de diamant. On règle l'écartement des cylindres à l'aide de vis de pression, agissant sur l'un des cylindres mobiles; une seule vis à fourchette est préférable pour maintenir le parallélisme. Benthall opère ce mouvement à l'aide d'un excentrique. Les concasseurs à cylindre de Ransomes, Benthall, Weedlake, etc., ont de la réputation en Angleterre; en France, ceux de Bodin, de Laurent, de Hennequin de Montcornet, dans les prix de 180 à 250 fr., sont bien construits. Ce dernier, tout en fer et fonte, est armé de deux cylindres inégaux, l'un cannelé, l'autre lisse et muni à l'intérieur d'un décrasseur composé de griffes portées sur un axe auquel une touche glissant dans une rainure excentrique de l'arbre de la manivelle imprime un mouvement de va et vient.

On réunit quelquefois plusieurs appareils broyeurs ou concasseurs. Ainsi Turner applique un broyeur à noix sur le bâtis de son aplatisseur ; mais ces appareils de très-petite dimension s'usent assez vite. Quelques constructeurs ont exagéré cette économie d'espace en appliquant, à un même bâtis concasseur, coupe-racines, hache-paille, etc., idée peu pratique.

Quantité de travail : les grands aplatisseurs font à l'heure de 5 à 6 hectolitres de graine de lin, 2 fois autant d'avoine et 3 fois autant de malt. Les meules verticales doubles font un peu moins de travail ; les aplatisseurs et concasseurs à bras, 2 manivelles, débitent 2 à 3 hectolitres ; le concasseur à bras 60 à 80 litres ; on peut broyer 3 fois autant de tourteau. Avec les concasseurs de Biddel, un homme peut concasser de 80 à 100 litres d'avoine, un tiers en moins de féveroles.

Trempage, fermentation, cuisson.

Trempage. Faute de broyeurs, on peut laisser tremper ou humecter les aliments secs et durs, comme les grains, les tourteaux, les fourrages ligneux ; le temps du trempage varie suivant la dureté des matières : 12 heures quelquefois pour les féveroles, le seigle. L'eau chaude accélère l'opération ; on a conseillé la germination des grains : des expériences manquent à cet égard : on doit toujours éviter la moisissure.

La fermentation est alcoolique, acide, ou putride ; cette dernière doit toujours être évitée ; la première serait plus favorable à l'alimentation dans la généralité des circonstances ; la fermentation acide, acceptable pour l'engraissement, est défavorable pour l'élevage et les produits de la laiterie. La *fermentation spontanée* est celle qui se développe sans échauffement artificiel ; elle se produit presque toujours, à moins d'une température très-basse ; en hiver, on lui vient en aide en chauffant un peu la matière. La fermentation du fourrage et de la paille humectés, seuls ou avec mélange de grains concassés ou tourteaux, a été diversement appréciée. M. Decrombecque s'en loue beaucoup pour la santé de ses chevaux et pour l'engraissement. M. Nivière attribuait, pour l'engraissement, au foin haché et fermenté une valeur triple de celle du foin à l'état ordinaire. Sans aller aussi loin, M. Mohl se loue de l'usage de cette méthode. MM. Boussingault et Lebel prétendent cependant que l'échauffement spontané ajoute peu à la nutritivité des fourrages ; on objecte d'ailleurs la dépense de main-d'œuvre, qui s'élève de 15 à 20 cent. par 100 kil., et la difficulté de bien conduire la fermentation suivant les températures, d'éviter le moisi, etc.

La fermentation spontanée appliquée au mélange des racines et fourrages a l'avantage d'établir plus d'homogénéité dans la masse, de rendre la substance plus onctueuse et plus sapide ; elle est plus généralement employée. En France, où les distilleries et sucreries fournissent des masses de pulpes, les racines sont consommées sous cette forme. Le cultivateur a souvent de l'avantage à vendre la racine et à racheter les pulpes. Dans le cas contraire, les racines sont hachées et mélangées. M. le Duc, à Beaurevoir (Aisne), opère sur une très-grande échelle ; dans le principe, il opérait par fermentation de peu de durée ; un jet de vapeur, pénétrant au moyen de cheminées à travers la masse entassée dans de grandes fosses, lui communiquait un premier degré d'échauffement et de cuisson ; la betterave ne restait que 20 heures environ à l'état de fermentation. Aujourd'hui il opère par la fermentation prolongée. Comme dans la conservation des pulpes, les betteraves hachées, mélangées d'un dixième de paille (la paille

et la balle de colza hachées s'emploient même à cet usage),
sont entassées dans de grandes fosses recouvertes de terre.
Il s'établit dans la masse bien tassée une fermentation lente,
qui se conserve plus longtemps à l'état alcoolique que dans la
pulpe.

L'introduction des pailles dans les pulpes a surtout pour
objet de diminuer la proportion d'humidité de la masse ;
utile dans la betterave en nature ou la pulpe macérée, elle
n'a pas d'utilité dans la pulpe de presse.

Ce procédé de fermentation s'applique quelquefois aux
fourrages frais, aux feuilles de choux, aux navets ; on y ajoute
du sel. M. Bazin conserve les fanes et les collets de betteraves en les plaçant au fond des fosses à pulpe ; la conservation des matières bien tassées et recouvertes dans les silos
peut durer plusieurs années. On sait qu'on peut encore conserver sous l'eau, en évitant même la fermentation.

La cuisson détruit la cohésion de certaines substances
alimentaires, en rend les principes plus solubles et plus
digestibles ; elle a été conseillée pour les foins, les racines,
les grains et les graines, le seigle et la graine de lin entre
autres.

La cuisson du seigle avec très-peu d'eau, celle des pommes de terre au moyen de la vapeur, ou dans le four, peut
sans inconvénient s'appliquer à la nourriture des chevaux
auxquels on demande un service peu rapide.

L'usage des *soupes* et *buvées* chaudes ne convient qu'aux
vaches laitières et aux animaux d'engrais. Les décoctions de
foin, de graines de lin, s'emploient encore quelquefois pour
les jeunes animaux. Ce mode d'alimentation peut avoir quelques avantages lorsqu'on voudra provoquer une digestibilité
prompte et facile, dans l'engraissement, par exemple, ou
dans la production laitière, ou enfin lorsqu'on fait consommer des matières peu nutritives destinées à être mélangées
à d'autres, comme des pailles, du froment, du maïs, du
colza, etc. Pour les animaux qu'on veut conserver, l'usage

des aliments cuits a l'inconvénient de débiliter l'estomac, de rendre les dents sensibles, et l'animal plus difficile.

Trois modes de cuisson peuvent être employés : 1º *à l'air chaud*, dans les fours ordinaires : on cuit ainsi des pommes de terre, des pains de substances farineuses, de résidus ; 2º *à l'eau* ; 3º *à la vapeur*.

La cuisson *à l'eau* est préférable pour les grains, seigle, féveroles, graine de lin ; pour les navets et betteraves, les viandes, etc. La chaudière et le fourneau ordinaires suffisent dans la plupart des cas. Cet appareil, utile d'ailleurs dans la ferme pour d'autres usages, se compose d'un fourneau en briques et d'une chaudière en fonte d'un hectolitre ou plus, suivant les besoins ; quelquefois la partie qui touche à la flamme est seule en métal, le reste en brique et ciment avec dessus en pierre s'il est possible ; on ajoute une ceinture en fer plat ; la ferrure de la porte et du cendrier seront solides, et on rendra l'accès du fourneau facile. Le prix varie de 60 à 100 fr., suivant les circonstances.

La *cuisson à la vapeur* a perdu un peu de son importance depuis que la pomme de terre, à laquelle ce procédé était surtout applicable, est moins affectée à la nourriture des animaux. Cette cuisson s'effectue encore à l'aide de ce simple fourneau, auquel on superpose un couvercle, et au fond duquel on pose une grille s'élevant de quelques centimètres au-dessus. Pour de très-grandes quantités, on dispose au-dessus du fourneau un tonneau percé de trous à sa partie inférieure, et qui s'engage dans l'ouverture de la chaudière. Ce tonneau est rempli des substances à cuire, et la vapeur est fournie par l'eau qu'on entretient en ébullution dans la chaudière. Un vase cylindrique en tôle est de beaucoup préférable au tonneau en bois, qui se détériore fort vite ; ce vase porte une anse fixée un peu au-dessus du milieu de la hauteur, afin de pouvoir le faire basculer aisément, et il est accroché à une potence par l'intermédiaire d'un petit palan qui permet de le soutenir et de le démarrer à volonté. Le robinet, qu'on adapte souvent aux chaudières, sert à vérifier si l'eau manque ; on alimente par un petit tube avec entonnoir placé entre la paroi de la chaudière et le tonneau, ou sur le robinet même auquel on met deux clés.

Il va de soi que quand l'exploitation possède une machine à vapeur, on peut simplement établir une prise dans le générateur, à l'aide d'un tuyau qui vient former serpentin au fond d'un cuvier où se placent les matières à cuire. On peut encore établir un petit générateur sans bouilleurs avec une

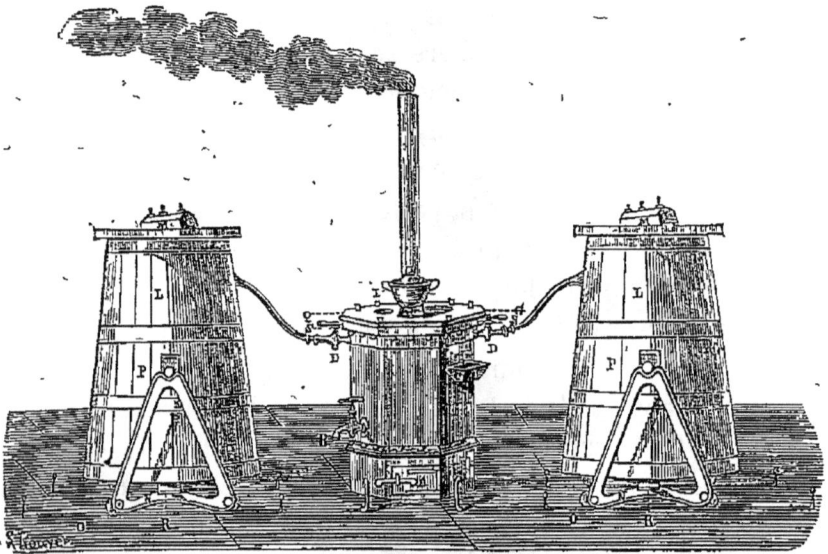

Fig. 31.

simple soupape de sûreté et deux robinets d'essai ; on alimente avec un tonneau-réservoir placé à 3 ou 4 mètres de hauteur ; un tube partant de ce tonneau descend à quelques centimètres du fond du générateur. Si la section de ce tuyau a un centimètre carré, et que le tonneau soit à $2^m,50$, la pression exercée sera d'environ 1/4 d'atmosphère, et suffisante pour donner à la vapeur une tension convenable ; un robinet est adapté au tuyau. Le vapeur arrive par un tuyau en cou de cygne à un ou plusieurs tonneaux à double fond munis d'un bout de tube se branchant au tuyau d'amenée par un simple emboîtement ou par manchon ; le joint est enveloppé d'un linge. Quelque simple que soit cet appareil, il coûte cependant encore 200 à 300 fr., et demande quelque intelligence pour être bien conduit.

Il existe des appareils tout disposés, parmi lesquels on peut citer, en Angleterre, celui de Richmond et Chandeler, qui se monte avec un fourneau fixe, ce qui est préférable pour la solidité et l'économie des combustibles, prix 250 à 600 fr.; celui de Stanley, appareil mobile bien entendu, avec deux récipients à cuire. En France, MM. Charles, Pernollet, Clamageran (fig. 31), Paul François établissent des appareils mobiles du même genre, depuis 250 fr.

Volume des aliments.

Les aliments doivent occuper un certain *volume*, afin de distendre, lester et exciter suffisamment les organes digestifs ; ches les ruminants surtout, cette condition est essentielle pour présenter une surface convenable à l'action des estomacs. Chez certains animaux, auxquels on demande des formes sveltes et un ventre peu volumineux, les aliments ne doivent pas occuper une aussi grande masse.

Pour le porc et pour les animaux d'engrais, la substance alimentaire doit être également plus condensée. On a essayé de calculer le volume normal que devaient présenter les aliments pour les différents animaux ; on a ainsi admis que 100 parties de matières nutritives, évaluées d'après l'échelle des équivalents ci-après, devaient se répartir, par jour, dans un volume de $0^{m\,c}250$ pour le bœuf de travail, de $0^{m\,c}150$ pour le cheval de gros trait, de $0^{m\,c}100$ pour le cheval léger. Partant de ces principes, si un bœuf dont la ration en foin était de 15 kil. recevait la plus grande partie de cette ration en pommes de terre, il lui en faudrait environ 150 kil. pour atteindre au volume de $0^{m\,c}350$. Mais ces 150 kil. représen-

tant plus de 100 kil. de foin, on devrait remplacer une partie
des pommes de 'terre par une substance volumineuse et peu -
nourrissante, telle que la paille. On donnerait 30 kil. de
pommes de terre, équivalant à 12 kil. de foin, et
cubant . . . . Om c 062 -

   Et 12 kil. de paille, équivalant à 3 kil. de foin, ·
     cubant 0 240

Ce qui produirait le volume normal de. . . . . Om c 302

Cette rigueur de calcul n'est sans doute pas nécessaire dans
la pratique, mais elle fait voir sur quelles bases on peut calculer le rapport du volume des aliments à la matière nutritive
qu'ils renferment, rapport fort variable même pour la même
substance suivant son état de pression et de division : ainsi le
mètre cube de foin peut peser haché 30 kil., et pressé à la
presse 600 kilog.

§ 4. — *Action des aliments.*

Aliments nuisibles. L'action des aliments dans la
nutrition dépend de leur *valeur nutritive,* qui résulte à son
tour des conditions de composition que nous venons d'exami-
ner, et qui se modifie par le *rationnement* et le *régime ;*
mais les aliments peuvent encore exercer sur l'économie des
influences plus ou moins nuisibles. Les sens du goût et de
l'odorat surtout, très-développés chez les animaux, paraissent
être différemment affectés que ceux de l'homme par la *saveur*
et l'*odeur* des substances. Cependant les saveurs sucrées et
salées leur plaisent ; il en est d'autres qui leur répugnent,
d'autres enfin auxquelles il s'habituent ; l'odorat est principalement leur guide dans le choix des aliments, et leur indique
les substances nuisibles, les plantes vénéneuses, ou simplement celles qui auront végété sur leurs excréments et celles
que d'autres animaux auront touchées ; l'animal se dégoûte
même de la nourriture qui a longtemps été exposée devant

lui : de là la règle de donner successivement la nourriture par petites portions; de là l'établissement d'auges à compartiments ne débitant le grain qu'à mesure que l'animal l'attire à lui. Cependant le fanage, la cuisson peuvent masquer les odeurs des plantes nuisibles, et l'homme doit intervenir alors pour écarter les aliments malsains; de même il doit quelquefois forcer les animaux à prendre les aliments convenables qu'ils repoussaient d'abord, parce qu'ils n'y étaient pas habitués. Les principales plantes nuisibles qui peuvent se trouver accidentellement mêlées aux fourrages sont : le *colchique d'automne*, l'*ellébore blanc* ou *verdâtre*, l'*aristoloche des vignes*, la *persicaire* ou *poivre d'eau*, la *grassette commune* ou *tue-brebis*, la *pédiculaire*, la *belladone*, la *jusquiame*, la *morelle*, la *petite* et la *grande ciguë*, la *ciguë vireuse*, la *berle* ou *ache d'eau*, la plupart des *renoncules*, les *pavots* en grains, le *sumac*, les *euphorbes*, l'*if*. On doit remarquer que plusieurs plantes nuisibles aux moutons, telles que la *mercuriale*, le *pavot*, etc., le sont moins pour d'autres animaux. Beaucoup de plantes nuisibles à l'état frais, comme la *renoncule âcre*, la *clématite*, la *coronille bigarrée*, etc., peuvent être mangées sans danger quand elles sont sèches ou cuites. Certaines plantes peuvent, suivant les circonstances, développer dans l'estomac des animaux; les ruminants principalement, des gaz qui déterminent des congestions et l'asphyxie; cet accident, connu sous le nom de météorisation, est principalement occasionné par le *trèfle* et la *luzerne* mangés en vert. Les vesces, les pavots, les sanves trop tendres produisent quelquefois la météorisation. Il ne paraît pas que le trèfle mouillé offre plus de danger sous ce rapport que le trèfle sec. Suivant quelques observations, celui qui serait un peu fané serait même plus à craindre.

Parmi les graines nuisibles aux animaux, on peut citer l'*ivraie*, la *rougeole* ou *mélampyre*, les grains *ergotés* ou atteints du *charbon* et de la *carie*; les fourrages mal préparés, tels que les foins *vasés* ou mal séchés; les grains et les

7.

farines, les tourteaux moisis ne sont pas moins pernicieux ; enfin, certaines plantes ont sur les animaux une action parti- culière : la *cuscute* fait entrer les vaches en chaleur ; la *citrouille* produit l'effet contraire; la *tanaisie*, l'*absinthe*, le *seigle ergoté* et d'autres plantes provoquent l'avortement.

Le foin nouveau, l'avoine nouvelle passent généralement pour être malsains ; cependant, des expériences faites par la commission vétérinaire sur des chevaux n'ont pas confirmé cette opinion : dans des essais faits sur un grand nombre d'animaux, et pendant un temps assez long, les animaux n'ont éprouvé aucun inconvénient de ces aliments.

Valeur nutritive.

La détermination de la valeur nutritive des aliments est un problème complexe et difficile ; les aliments, en effet, sont très-nombreux et fort variables, surtout dans la proportion de leurs éléments : l'amidon, la fécule, les matières albumi- neuses, la graisse, le ligneux s'y trouvent à des doses fort différentes ; de là une grande inégalité dans leur nutritivité, et une modification profonde dans leur mode d'action : ainsi, le tourteau sera propre à l'engraissement, le grain agira sur l'énergie et la force, les racines sur la production laitière; telle substance est nutritive pour les ruminants; elle l'est moins pour l'estomac du cheval. Cependant, il existe entre différents aliments des points de similitude qui permettent de les comparer. C'est cette comparaison, essayée par quelques agronomes, qui a donné lieu à ce qu'on appelle le système des *équivalents nutritifs*. Deux méthodes ont été essayées pour fixer l'équivalent des aliments : l'une, la *méthode théorique*, reposant sur l'analyse chimique des substances ; l'autre, la *méthode pratique*, fondée sur l'observation de l'action nutri- tive des matières dans l'alimentation même.

La méthode pratique consiste à soumettre un animal pendant un temps donné à un régime déterminé; on le pèse

au début de l'expérience; on prend également le poids exact
des aliments consommés, puis enfin on pèse de nouveau l'animal à la fin de l'expérience, et de la différence du poids qu'il
a gagné ou perdu dans ce régime, on déduit la valeur nutritive des aliments absorbés. Simple au premier aspect, cette
expérience se complique de nombreuses causes modifiantes :
nature et composition, distribution des aliments, variations
dans la température, âge ou sexe du sujet, état de santé,
d'embonpoint, etc.; elle demande d'ailleurs tant de précautions et de surveillance dans le choix, la préparation, le dosage, le pesage des aliments, dans le pesage même de l'animal au moment convenable, qu'il reste toujours quelque in-
certitude sur le résultat : de là de grandes différences dans
les chiffres des équivalents pratiques donnés par les auteurs.

Méthode théorique. Cette méthode repose sur l'analyse chimique des substances alimentaires, et sur la théorie
de l'action spéciale des principes de l'aliment, principes plastiques ou respiratoires. Étant connue la proportion de chacun
de ces éléments, on en déduit la valeur, qu'on apprécie en la
comparant à celle d'un aliment généralement employé qu'on
prend pour type; *le foin de pré,* nourriture qui renferme
d'ailleurs approximativement dans ses éléments, azotés ou
carbonés, la proportion de 1 : 5, convenable à la ration des
herbivores, a été pris pour type.

La composition de ce foin normal, adopté par M. Boussingault, serait, par kilogramme : *eau,* 130 gr.; *parties ligneuses*
considérées comme non nutritives, 244 gr. ; *phosphates et*
sels divers, 70 gr. ; éléments respiratoires ou *carbonés,* tels
que : fécule, amidon, etc., 480 gr., y compris 38 gr. de matières grasses; éléments plastiques ou azotés, tels que :
albumine, caséine, protéine, etc., 72 gr., renfermant 11 gr.
5 d'azote. Peut-être eût-il été plus convenable de prendre
pour type le foin de luzerne ou de trèfle, plus homogène, et
d'ailleurs plus riche en principes. Le foin dont la culture est
plus répandue a été préféré.

Ceci établi, MM. Boussingault et Payen ont dressé une table dont nous reproduisons plus loin une partie des chiffres, table contenant, pour la plupart des substances alimentaires, la détermination de divers éléments qu'on vient d'indiquer. Si on compare ces substances alimentaires au foin dans leurs divers éléments, il est alors facile d'en conclure les quantités qui peuvent remplacer le foin dans les divers rapports de sa composition.

Comparons, par exemple, la paille de blé et le foin. La table donne :

	Eau.	Ligneux.	Phos-phates.	Principes azotés.	Principes carbonés.	Azote.
Foin	13,0	24,4	7,0	7,2	48	1,15
Paille	26,0	28,9	5,1	1,9	37,29	0,30

D'après ces chiffres, il faudra, pour remplacer en paille 100 kilog. de foin : s'il s'agit de matières azotées et non azotées réunies, 141 kilog.; pour les matières azotées seules, 380 kilog.; pour les matières non azotées, 127. Ces chiffres seront les *équivalents* de la paille comparée au foin sous les divers rapports de sa composition.

On comprend toutefois que, pour qu'il y ait équivalent réel, il faut que les matières soient assimilables; ainsi, le salpêtre, matière très-azotée, assez abondante parfois dans la betterave, ne pourrait être compté au nombre des principes azotés nutritifs; il faut encore que les aliments comparés aient quelques rapports en poids et volume. Ainsi, la santé d'un cheval serait compromise, si l'on remplaçait les 150 grammes d'azote du foin et de l'avoine, de sa ration ordinaire, par 3 kilog. de féveroles ou 150 kil. de carottes.

Quoiqu'on puisse établir des tables équivalentes au point de vue des divers composés des substances alimentaires, cependant on s'est généralement borné à ne prendre pour base des équivalents que les matières azotées ou l'azote, parce que cet élément est celui qui a en réalité le plus de valeur, et qu'il est le moins facile à trouver, parce que, dans les aliments de même nature, il est la mesure la plus sûre de leur importance.

Table des équivalents. Les aliments sont classés par nature, afin qu'ils soient plus facilement comparables; les colonnes 2 et 3 représentent les parties inertes des aliments, quoiqu'il reste des incertitudes en ce qui concerne le ligneux. La 5e colonne, *matières grasses*, peut se totaliser avec la 6e. On la sépare cependant, parce que, dans l'engraissement, ces matières jouent un rôle important par assimilation directe. L'azote de la 8e colonne se retrouve dans la 7e. La 9e colonne indique l'équivalent sous le rapport de l'azote.

ALIMENTS.	Eau.	Ligneux.	Phosphates.	Matières grasses.	Amidon sucre ou analogues.	Albumine principes azotés	Azote.	Équivalent chimique.
FOURRAGES SECS.								
Foin de pré (bon ord.)	13,0	24,4	7,6	3,80	44,4	7,2	1,15	100
Foin de pré, regain. .	14,1	21,5	8,0	3,50	45.0	12,4	1,98	58
Foin de trèfle av. fleur.	12,2	12,1	8,1	4,00	41,3.	13,3	2,13	54
Foin de trèfle en fleur.	20,0	22,0	5,0	3,20	39,2.	10,6	1,62	67
Foin de luzern. en fleur	15,0	22,0	5,7	3,50	41,8.	12,0	1,92	60
PAILLES.								
De froment (Alsace) .	26,0	28,9	5,1	2,20	35,9	1,9	0,30	383
De froment ancienne.	12,3	36,3	6,0	2,40	39,9	3,1	0,50	230
De seigle.	18,6	32,4	3,0	1,50	43,0	1,5	0,24	479
D'orge	14,2	34,4	4,0	1,70	43,8.	1,9	0,30	383
D'avoine.	21,10	30,0	3,6	5,10	38,4.	1,9	0,30	388
D'avoine.	12,7	35,4	4,0	4,80	40,0.	2,1	0,33	287
GRAINS.								
Froment poulard . . .	14,4	1,5	1,9	1,00	65,6.	12,3	2,50	46
Froment corné	14,8	2,3	1,6	2,00	65,7.	15,6	2,18	53
Froment rouge	14,5	2,1	2,0	1,50	67,6.	12,3	1,97	58
Seigle	16,6	3,0	1,9	2,00	67,6.	8,9	1,42	81
Orge	13,0	2,6	4,5	2,80	63,7.	13,4	2,14	54
Avoine.	14,0	4,1	3,9	5,50	61,5.	11,9	1,90	61
Maïs	17,0	1,5	1,1	7,00	61,9	12,5	2,00	58
Millet	14,0	2,4	2,2	3,00	57,8	20,6	3,30	35
Sarrasin	13,0	3,5	2,5	3,00	64,0.	13,1	2,00	58.

ALIMENTS.	Eau.	Ligneux.	Phosphates.	Matières grasses.	Amidon sucre ou analogues.	Albumine principes azotés	Azote.	Équivalent chimique.
Pois jaunes	8,9	3,6	2,0	2,00	59,6	23,9	3,83	30
Vesce, gesse.	14,6	3,5	3,0	2,70	48,9	27,3	4,37	26
Féveroles	12,5	3,9	3,0	2,00	47,7	31,9	5,11	23
Lentilles.	12,5	2,8	2,2	2,50	55,7	25,0	4,00	29
Haricots	15,0	3,8	3,5	3,00	48,0	26,0	4,30	27
Farine (blé corné) . .	11,0	0,5	0,9	1,90	64,4	23,3	3,70	31
Son (gros).	21,0	8,5	3,0	4,00	31,6	11,9	1,90	61
PLANTES EN VERT								
Maïs en vert. . . .	72,0	5,2	3,3	0,90	13,6	6,2	1,0	115
Luzerne fleurie . . .	84,0	5,1	1,38	0,80	9,6	2,8	0,45	246
Trèfle fleuri	77,0	6,3	1,4	0,90	11,3	3,1	0,50	230
Trèfle avant la fleur	82,4	4,2	1,6	0,80	8,3	2,7	0,43	267
Chou cabus	90,1	0,6	0,8	0,90	5,3	2,3	0,37	311
Feuilles de vigne . .	74,7	4,6	2,0	2,30	10,6	5,9	0,95	121
Feuilles de betteraves.	90,7	1,7	1,4	0,63	3,0	2,6	0,42	274
Feuilles de carottes. .	82,2	3,0	3,6	1,0	7,0	3,2	0,52	221
F^lles et tig. de topin.	80,0	3,4	2,7	0,80	9,8	3,3	0,53	217
RACINES.								
Betteraves blanches. .	84,0	2,0	0,6	0,10	11,7	1,6	0,25	462
Id. rouges à sucre.	82,0	2,5	1,0	0,10	11,6	2,8	0,45	256
Id. champêtre. . .	87,8	2,2	0,7	0,10	7,9	1,3	0,21	548
Navet blanc	92,5	0,3	0,5	0,20	5,7	0,8	0,13	884
Navet turneps. . . .	86,0	0,4	0,9	0,15	10,8	1,6	0,25	460
Navet jaune	85,1	0,5	0,9	0,20	11,5	1,9	0,30	383
Panais.	88,3	1,0	0,7	0,20	8,2	1,5	0,25	460
Rutabaga	91,0	0,3	0,6	0,05	7,0	1,1	0,17	676
Pomme de terre jaune	75,9	0,4	0,8	0,20	20,2	2,5	0,40	287
Pomme de terre rouge	70,0	0,6	0,0	0,20	25,2	3,1	0,50	230
Topinambour	79,2	1,2	1,1	0,30	16,1	2,1	0,33	348
Pomme à cidre	83,6	2,8	0,1	0,05	12,5	1,0	0,16	718
Citrouille	94,5	1,0	0,5	0,05	2,7	1,0	0,21	548
Gland.	56,0	4,5	1,0	2,30	3,42	2,0	0,32	359
Châtaignes pelées. .	49,2		1,8	»	»	3,0	0,48	329
Pulpe de betterave . .	80,0	7,0	0,8	0,10	10,0	2,2	0,38	303
Marc de raisin. . . .	72,6		2,2	1,70	15,7	3,7	0,59	195
Chènevis.	12,2	12,1	2,2	33,6	23,6	16,3	2,6	44
Noix mondées. . . .	85,0	1,17	1,6	55,8	16,1	16,3	2,6	44
Graine de pavot. . .	14,7	6,1	7,0	41,0	13,7	17,5	2,8	41
Faîne.	30,0	27,0	3,6	26,5	3,4	8,5	1,36	85
Graine de lin	12,3	3,2	6,0	3,0	19,0	20,5	3,28	35
TOURTEAUX.								
D'œillette	11,7	1,19	6,0	10,10	23,3	37,8	6,05	19

ALIMENTS.	Eau.	Ligneux.	Phosphates.	Matières grasses.	Amidon sucre ou analogues.	Albumine principes azotés	Azote.	Équivalent chimique.
De lin	13,4	5,1	8,3	6,0	33,2	32,7	5,20	22
De noix	6,0	3,4	3,2	9,0	45,6	32,8	5,24	22
De colza	10,5	5,3	7,7	10,0	32,5	30,7	4,42	23
De cameline.	6,5	9,5	8,6	7,0	34,0	34,4	5,51	21
De sésame.	10,0	5,0	18,0	8,20	16,3	42,5	6,80	17
De chènevis.	5,3	20,0	3,6	6,0	38,8	26,3	4,21	27
De faîne	12,0	50,6	6,8	10,0	16,4	10,8	2,69	43

Emploi des tables. Elles peuvent servir à équilibrer
les rations dans le rapport de la variation des aliments et de
l'économie. Soit une ration de 15 kilog. de foin sec à remplacer par du trèfle; on voit dans la table que 0,6 de trèfle égale
1 de foin; on multiplie 15 kilog. par 0,6, et le produit 9 kil.
est la ration en trèfle équivalente à 15 kilog. de foin. On veut
remplacer 10 kilog. de foin sur 15 kilog. par l'équivalent en
avoine; au point de vue de l'azote étant 61, on multiplie 10
par 6, et on obtient 6 kilog. équivalent des 10 kilog. de foin. Il
ne faudrait que 54 kilog. d'orge ou 2 kil. 60 de féveroles pour
le même équivalent.

On peut encore à l'aide de ces tables maintenir entre les
principes azotés et carbonés les rapports de 1 à 5 existant dans
le foin; ainsi, ce rapport n'est que de 1 à 18 dans la paille;
il est de 3 à 5 environ dans la féverole; en formant une ration de 2 kilog. de féveroles et de 15 kilog. de paille, on ap-
procherait du rapport ci-dessus.

Le même tableau facilite encore le moyen de remplacer une
ration par une ration équivalente d'un prix moins élevé. Il
suffit de comparer la valeur nutritive à la valeur en argent des
divers aliments; soit, par exemple, l'avoine à 25 fr. les
100 kilog., l'orge à 18 fr., l'équivalent de 100 kilog. de foin

vaudra en avoine $22 \times 0,61 = 13$ fr.; en orge, $18 \times 0,54 = 9,72$. Si la ration du cheval en grains est équivalente à 10 kilog. de foin, elle reviendra à 1 fr. 30 en avoine et seulement à 97 c. en orge.

Autre exemple : on payait à Paris, en novembre 1861, les 100 kilog. foin de pré ordinaire 10 fr.; luzerne, 9 fr.; regain de luzerne, 8 fr.; paille, 6 fr. En multipliant ces chiffres par ceux des équivalents de ces fourrages, on trouve que le quintal de foin normal, apprécié d'après sa valeur en azote, ressortait en regain de luzerne à 2 fr. 80; en luzerne, à 4 fr. 50; en foin ordinaire, à 10 fr.; en paille de froment, à 18 fr.

Nous compléterons la table ci-dessus par quelques autres chiffres d'équivalents également déduits de la proportion d'azote, que nous empruntons à M. I. Pierre, à M. Meurein et à quelques chimistes allemands. On a ajouté un m aux analyses de M. Meurein, un a à celles des chimistes allemands. M. I. Pierre admet, dans ses chiffres, 80 pour 100 de matière sèche dans les fourrages secs, et 84 dans les grains et graines et les pailles. Fourrages verts, de 26 à 24.

ALIMENTS.	Azote p. 100.	Équivalent de 100 de foin.	ALIMENTS.	Azote p. 100.	Équivalent de 100 de foin.
FOURRAGES SECS.			Minette en fleur. . . .	2,50	46
Foin normal.	1,15	100	Trèfle incarnat.		
Luzerne avant fleur. .	2,4	48	en fleur	1,94	59
Id. fleurie.	1,66	69	défleuri	1,74	66
Id. id.	2,10	53	Trèfle blanc en fleur .	2,98	38
Id. regain.	2,44	48	Feuilles d'orme	2,36	49
Sainfoin à 1 coupe . .	1,8	64	Id. de peuplier .	2,38	49
Sainfoin à 2 coupes. .			Vesce en fleur (a) . .	»	73
1re coupe en fleurs .	17,3	66	Hivernage (a).	»	83
2e coupe ap. graines.	1,45	79	Ray-grass (a)	»	70
Regain.	3,25	35	**PAILLES.**		
Trèfle r. en fleurs. . .			Sarrasin fleuri.	0,53	200
1re coupe	1,90	61	Id. partie supérieure.	0,7	164
2e id.	1,74	66	Id. id. inférieure .	0,46	250
Regain.	3,2	38			

ALIMENTS.	Azote p. 100.	Équivalent de 100 de foin.	ALIMENTS.	Azote p. 100.	Équivalent de 100 de foin.
Blé goutte d'or .'. . .	0,51	206	Spergule (a).	»	96
Gros blé	0,34	388	Feuilles de betteraves:		
Id. partie supérieure.	0,39	295	Basses (0,90 d'eau).	1,5	153
Id. Id. inférieure .	0,24	479	Moyennes	3,3	70
Ball. pures de froment.			Supérieures.	4,0	57
Moyenne de 5 anal.	0,64	200	Feuilles de vigne . . .	0,92	125
Balles mélées d'herbe.	1,06	108	Id. topinambours.	»	217
Paille de colza. . . .	0,50	240	Id. sorgho.	0,64	180
Siliques de colza . . .	0,60	188	Pulpe de betterave (m)		
Orge de printemps (a)	»	236	de sucrerie (m). . .	0,40	287
Epeautre (a).	»	365	de distillerie cham-		
Vesces (a).	»	149	ponnois.	0,29	396
Lentilles (a).	»	100	de distill. Leplay (m)	0,16	718
Féverolles (a).	»	250	Id. macérée et épui-		
Haricots (a).	»	200	sée (m).	0,12	958
FOURRAGES VERTS.			Vinasse de macéra-		
Herbe de pré	03,7	338	tion (m).	0,07	1645
Luzerne avant fleur. .	0,66	174	**GRAINS.**		
Id. pleine fleur .	0,54	260	Froment (m)		
Id. regain	0,68	227	Moyenne de 9 anal..	2,5	50
Sainfoin en fleur . . .	0,55	220	Extrêmes	»	42-61
Trèfle avant fleur. . .	0,68	169	Sarrasin, 3 anal. . . .	»	57
Id. en fleur. . . .	0,55	205	Sarrasin de Tartarie .	»	72
Vesce d'hiver av. fleur.	0,70	164	Graine de sainfoin . .	3,91	27
Ajonc (0,55 d'eau). . .	0,84	137	Seigle	1,66	85
Minette.	0,80	146	Avoine, 5 anal.	1,47	73
Trèfle blanc.	0,80	138	Orge de mars	1,84	59
Feuille de blé	0,8	131	Farine d'orge	2,06	52
Id. de seigle . . .	0,54	213	Son de froment, 6 an.	2,40	45
Id. à l'épiage . . .	0,43	267	Farine d'avoine	1,74	62
Moutarde blanche. . .	0,45	256	Son d'avoine.	0,78	138
Chardons (0,88 d'eau).	0,56	205	Farine sarrasin fine. .	0,71	152
Orties tendres.	0,85	135	Id. grossière.	4,68	23
			Farine de blé	1,75	62

Nous croyons inutile de reproduire ici les équivalents empiriques donnés par un certain nombre d'auteurs, tels que
Petri, Flotow, Blok, et déterminés avec des substances de
nature et de qualités fort diverses et pour des cas spéciaux ;
les moyennes mêmes de ces chiffres, qui varient souvent du

simple au double suivant les auteurs, sont sans signification.
Les plus rationnelles se rapprochent du reste beaucoup de
celles des tableaux ci-dessus, qui sont en rapport assez exact
avec la pratique, pour que le cultivateur intelligent puisse en
tirer un parti utile, en leur faisant subir les corrections que
nécessiteront la nature de ses fourrages et les conditions de
leur emploi.

§ 5. — *Rationnement.*

La ration est la quotité d'aliments, ou autrement de principes *azotés* et *carbonés*, nécessaire à un animal pendant
24 heures. Si elle doit seulement entretenir la vie, on la
nomme *ration d'entretien;* si elle doit en outre fournir à
l'accroissement de l'animal en poids, ou réparer les déperdi-
tions résultant de travail, elle devient *ration de produit.* La
ration d'entretien est en général en rapport avec le poids de
l'animal ; cependant elle est d'autant plus grande que l'animal est plus petit. M. Boussingault et les chimistes allemands
admettent comme ration d'entretien, pour 100 kil. du poids
vif des grands animaux, 1 kil. à 1500 gr. d'aliments contenant
150 à 200 gr. de principes azotés et 850 à 1000 gr. de principes carbonés. Pour les petits animaux, cette ration augmente
beaucoup : ainsi elle est de 2 à 3 p. 100 pour le mouton,
8 pour le lapin, 12 pour le cochon d'Inde, 60 pour la souris
(expériences de M. Allibert).

La ration de produit, qui est la plus ordinaire, les animaux étant toujours entretenus pour donner un produit quel-
conque, augmente jusqu'à certaines limites avec le produit
qu'on veut obtenir. Le rapport des principes carbonés et des
principes azotés varie également. Comparée au poids vif, elle
augmente en raison de la diminution de la taille, mais moins
que la ration d'entretien. La ration du jeune animal en croissance peut s'élever jusqu'à 10 p. 100 en aliments azotés principalement ; la vache à lait peut recevoir jusqu'à 5 p. 100

d'équivalent de foin de son poids vif, et jusqu'à 6 si on augmente dans la ration les principes azotés. La ration de travail peut s'élever en équivalent de foin de 2 à 3 p. 100.

M. Boussingault admet comme ration de travail d'un cheval de 500 à 550 kil. environ; 1 kil. de matières azotées (plastiques), correspondant à 160 gr. d'azote et 5 à 7 kil. de matières carbonées, soit 3 kil. de carbone (aliment respiratoire). Pour l'animal au repos, on diminue principalement les principes azotés. La ration d'*engraissement* n'a de limites que l'appétit de l'animal et les conditions hygiéniques d'une bonne digestion; elle peut s'élever à plus de 6 p. 100 du poids vif en équivalents de foin; les matières grasses jouent surtout un rôle important dans la ration à un certain moment de l'engraissement.

L'action des aliments dépend de causes nombreuses dont beaucoup ont encore besoin d'être étudiées : nature des aliments, espèce, âge, sexe, tempérament de l'animal, conditions hygiéniques, régime, etc.

Les jeunes animaux mâles exigent-ils plus de nourriture que les jeunes femelles? L'affirmative est soutenue par quelques éleveurs. Chez les animaux adultes, la gestation et la lactation changent les conditions de parité; on croit cependant que, dans l'engraissement, la même somme de fourrage produit plus de poids avec la vache *tarie* qu'avec le bœuf. Le jeune animal paraît assimiler plus utilement la nourriture; il y a cependant des exceptions.

L'influence de la nourriture sur la taille est certaine; mais les aliments des pays calcaires développent-ils plus la taille et les membres? Les pâtures granitiques fournissent-elles plus à la fibre musculaire? Les pâtures humides augment-elles le système lactifère en même temps que les viscères abdominaux? Ces questions méritent d'être étudiées. Il est certain qu'une nourriture très-abondante ou riche en principes nutritifs, dans le jeune âge, amène plus tôt l'âge adulte; qu'elle accroît plutôt le volume que la taille; qu'elle arrondit les formes. Les pâturages pauvres et une nourriture médiocre dans le jeune âge produisent l'effet contraire. Les nourritures peu riches en principes alimentaires développent les viscères, en laissant les membres grêles ; le tempérament devient sanguin avec la nourriture au grain, lymphatique avec les aliments délayés et les racines.

On a essayé de formuler en chiffres le rapport de l'aliment au produit, croît, viande, lait, travail, etc. On ne peut présenter à cet égard que des moyennes plus ou moins rapprochées ; ainsi, pour l'accroissement des jeunes animaux, nous trouvons pour 24 heures :

Espèce chevaline. Poulains (51 kil. en naissant), pendant l'allaitement, 1 kil. 04 ; de 3 à 6 mois, 800 gr. ; de 6 mois à 2 ans, 600 gr. ; moyenne journalière de 3 ans, 345 gr. (Boussingault).

Espèce bovine. Veau (de 40 kil.), 1re semaine, 1 kil. 13 ; de 1 jour à 1 an, 650 à 790 gr. ; de 1 an à 2, 660 à 737 gr. ; de 2 à 3, 656 gr. ; de 3 ans à 40 mois, 628 (de Torcy).

Espèce ovine. Moutons : agneau de 2 kil. 5, les deux premiers mois, 83 gr. ; 1re année, 68 gr. (école de Grignon).

Race porcine. Porc de 1 kil. 200 gr., les cinq premières semaines, 240 gr. ; du sevrage à un an, 200 gr. (Boussingault).

Suivant M. Boussingault, pour 100 kil. de foin, les poulains produisent 7 kil. 34 gr. de poids vif ; la vache laitière, 60 lit. de lait ; le bœuf d'engrais, 4 kil. de viande ; le cheval peut pour la même quantité de foin fournir quarante heures de travail.

On ne comprend pas encore assez généralement quels avantages il y a à bien nourrir. Voici comment un écrivain allemand, cité par M. Villeroy, résume ces avantages :

« La même quantité de fourrage, consommée par dix animaux bien nourris, produit plus de travail, de viande, que si elle était consommée par vingt mal nourris.

« Ils font plus de fumier et de meilleur fumier.

« Ces dix animaux exigent moins de capital ; par conséquent leur compte a moins d'intérêts à servir.

« Avec moins de bêtes, on a moins de risques.

« On a aussi moins de travail pour les soins à leur donner, par conséquent moins de main-d'œuvre.

« Une bête en bon état, qu'on est forcé de réformer, a une
bien plus grande valeur qu'une bête maigre. Si un accident
survient sur une bête maigre, elle est presque entièrement
perdue.

« S'il survient une année de disette, des animaux en bon
état supportent mieux les privations.

« Des bêtes bien nourries mangent régulièrement et ne
sont pas exposées aux accidents qui arrivent si souvent à des
bêtes affamées. »

§ 6. — *Administration des aliments.*

Les animaux domestiques sont nourris, soit au *pâturage*,
soit à l'intérieur ; ce dernier mode a reçu le nom de *stabulation*. La stabulation est : *permanente* quand les animaux ne
sortent jamais, *temporaire* quand ils pâturent par intervalle.

Les circonstances déterminent le choix des différents modes.
Certains terrains stériles, rocheux, etc., ne peuvent être utili-
sés que par le pâturage ; les uns, comme la Crau, fournissent
seulement le pâturage d'hiver ou du printemps, tandis que les
hautes montagnes ne sont accessibles aux troupeaux qu'en
été, de là des migrations annuelles et l'*estivage*. Une
culture peu avancée, pauvre en capitaux et en moyens de travail, sur un sol très-herbifère, dans des montagnes gazon-
nées ou des landes, peut provoquer l'adoption du pâturage ;
il peut également être fructueux sur de riches herbages naturels de *vallée* ou de *marais*. Les *chaumes*, les jachères, les
champs, ainsi que les prés, au printemps et à l'automne,
constituent des pâturages temporaires. Parfois on fauche le
pâturage pour faire manger l'herbe verte. Le produit paraît

être plus considérable, mais il faut tenir compte des frais et de la perte de l'engrais des déjections. Quelques pâtures pauvres ne sont pas susceptibles d'ailleurs d'être soumises à ce procédé. Les pâturages sont *clos* ou *non clos.*

(Voir, pour les haies et clôtures, *Constructions rurales,* page 88.)

On distingue : *le pâturage en liberté* permanent ou temporaire (ordinairement dans les enclos), le pâturage au *piquet,* enfin le pâturage avec *entraves,* employé ordinairement dans les pâtures ouvertes ou mal closes. On reviendra sur ces divers modes, mais on peut poser les principes suivants.

Pâturage permanent. L'herbage doit être divisé en enclos d'une certaine étendue; il doit être pourvu d'eau, d'ombre et d'abris, s'il est possible. Le bon aménagement du pâturage demande de la réflexion et une certaine habitude pratique. La nature de l'herbe, celle du sol, son humidité, son exposition, l'ombrage des arbres, sont les éléments d'appréciation de la valeur de l'herbage. Mais l'influence de la température, la végétation plus ou moins précoce et plus ou moins rapide indiquent comment il doit être aménagé et jusqu'à quel point il doit être changé; c'est aussi d'après la nature de l'herbage, sa richesse en végétation, qu'on détermine s'il sera affecté aux bœufs ou aux moutons, aux chevaux forts ou légers, à l'élève, à la production laitière ou l'engraissement (ces derniers herbages prennent le nom d'*embouches*). On ajoute avec avantage quelquefois un certain nombre de chevaux aux bœufs. On alterne par un engraissement de moutons, et en tout cas on appliquera un nombre d'animaux suffisant pour consommer l'herbe à mesure qu'elle pousse; la pâture se détériore quand les plantes durcissent et montent à graine. On coupera les *refus,* ou on les évitera par le ramassage des fientes (*Sol et engrais,* page 126).

On divisera les enclos afin d'alterner et de faire passer les animaux de l'un dans l'autre à mesure que l'herbe est suffisamment broutée. Les terreautages, le *bâtonnage* des char-

dons, l'arrachage des scabieuses, marguerites, berces, etc.,
la réparation des clôtures y constituent les principaux travaux
d'entretien.

Pâturage accidentel. Il a lieu sur les chaumes des
fourrages artificiels qu'on fait pâturer en vert ; on ne livrera
le pâturage aux animaux que lorsque l'herbe a déjà une certaine consistance sans être trop dure. On ne livrera la pâture
que par petites portions, en tenant d'abord les animaux sur la
partie déjà pâturée, et ne les laissant pas attaquer l'herbe
nouvelle quand ils sont pressés par la faim ; on retirera les
animaux du pâturage lorsqu'ils cesseront de manger, afin
qu'ils ne gaspillent pas l'herbe ; les tréfilières, les jeunes
luzernes, seront pâturées avec la plus grande précaution pour
prévenir la météorisation. On évitera, pour les moutons surtout, le pâturage à la rosée ou dans la grande chaleur du
jour : on atténuera par une nourriture sèche à l'étable l'humidité de l'herbe pâturée mouillée.

Le pâturage au piquet, très-employé en Normandie
et sur quelques points du Boulonnais, épargne la nourriture,
prévient les dégâts, constitue une espèce de parcage, évite
une perte d'engrais, peut s'appliquer aux champs non clos,
rend la météorisation moins fréquente, etc.

En Normandie, ce procédé consiste à attacher l'animal par

Fig. 32.

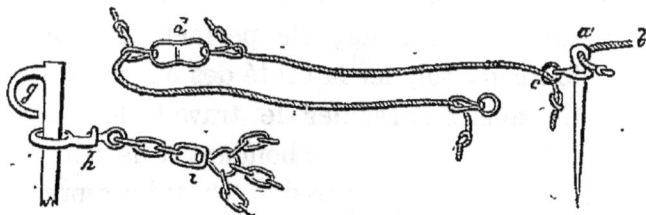

Fig. 33.

une longe fixée d'un bout c (fig. 32) à un piquet de fer ou de
bois a, qu'on déplace lorsque l'herbe est mangée dans le

cercle dont la corde est le rayon. La corde tourne autour du piquet à l'aide d'un anneau, et pour prévenir l'empiètement, elle porte vers le milieu de sa longueur une *tignette d*, ou anneau tournant à double tourillon. La corde *b* sert à arracher le piquet. Dans le Boulonnais le piquet est en fer quelquefois avec une anse en fer *g*, fig. 33, dans lequel on introduit le bout d'un levier pour arracher ; à l'anneau tournant autour du piquet sont fixées, par deux anneaux à viroles *h* et *i*, une ou plusieurs chaînes de 3 mètres destinées à traîner sur le sol ; à l'extrémité de la chaîne est fixée d'un bout une corde qu'on allonge successivement jusqu'à 8 mètres ; à l'autre bout est une courroie en cuir à boucle, qu'on attache au paturon du pied postérieur gauche.

Entraves. La pâture avec *entraves* déforme les aplombs; on ne l'emploie que dans les pays pauvres où l'animal doit parcourir une grande surface et des pâtures non closes; les entraves consistent tantôt dans deux courroies à boucles embrassant les paturons des deux membres antérieurs et réunis par une chaîne ; tantôt par un seul entravon au paturon d'un membre antérieur fixé à une corde qui va s'attacher au-dessus du jarret du membre postérieur du même côté.

La stabulation est adoptée dans les localités privées de pâturages, dans le voisinage des grandes villes, lorsque le sol est très-fertile, et qu'une culture riche produit les racines, les fourrages verts et fournit des litières abondantes. La stabulation donne les moyens de régler plus sûrement l'alimentation et le régime; elle permet, dans la production laitière, de mieux soigner la santé des animaux et leurs produits, et de mieux surveiller le travail des marcaires ; en outre, elle fournit du fumier abondant et devient ainsi la base d'une culture riche et progressive. On lui a reproché d'exiger en bâtiments et attirail un capital plus élevé, de demander des agents intelligents, soigneux, et beaucoup plus de main-d'œuvre pour l'affouragement, le charroi des fourrages, des litières et des fumiers, enfin d'agir défavorablement sur la santé des animaux, par suite du défaut d'exercice, de l'insalubrité de l'air de certaines écuries, des affections contagieuses qui sont d'une transmission plus facile à l'étable. On ajoute que l'élevage, dans ces conditions, produit des sujets moins vigoureux, moins bien conformés. Quelques-unes de ces objections ont peu de valeur ; quant aux inconvénients réels tenant à l'hygiène, on les fait disparaître en grande partie par le système de la stabulation mixte et par l'usage de petites cours ou *paddoks*, où les animaux peuvent trouver de l'air et de l'exercice.

La nourriture donnée à l'intérieur exige plus d'attention encore que le pâturage pour le choix et la dose des aliments; l'intelligence de l'homme doit suppléer en partie à l'instinct de l'animal. Il y a des règles spéciales pour certains animaux et certains régimes : on peut résumer dans ces quatre mots, *variété, régularité, propreté, tranquillité*, les principales règles de l'alimentation à l'intérieur. La nécessité de varier les aliments est la conséquence de la variété même de leurs principes; c'est le seul moyen de fournir les matériaux aux différents besoins de l'organisation; il stimule l'appétit et prévient le dégoût. Il est reconnu qu'un aliment unique est peu favorable, surtout s'il consiste en grain ou matière très-riche. On varie les aliments non-seulement sous le rapport de leur nature, mais sous celui de leur état physique, humidité, sécheresse, volume, etc.; on les varie soit par le mélange, soit en les alternant dans les repas, soit en changeant l'animal de pâture et même de lieu. On varie encore la ration suivant les animaux, leur espèce, leur nature, leur destination, les services qu'on exige ; suivant la température, la saison, les produits du sol, la valeur des substances, etc. C'est à l'intelligence du cultivateur à savoir apprécier toutes ces conditions (voir *Zootechnie spéciale*).

La tranquillité est essentielle pour le repas comme pour la digestion ; on veillera donc à ce que l'animal ne soit pas dérangé ou tourmenté par ses voisins plus forts ou plus avides

8

que lui. La séparation des auges en compartiments sera avantageuse dans ce but; cette condition de tranquillité est essentielle surtout pour les ruminants à l'état d'engraissement.; l'isolement, l'obscurité, l'éloignement du bruit concourent à ce résultat.

La *régularité* doit être observée dans la ration, dans l'ordre et le nombre des repas; elle suppose des approvisionnements convenables ou des récoltes déterminées d'avance pour que l'alimentation soit toujours uniforme en quantité, suffisante et variée dans sa nature. L'ordre des repas, leur nombre, leur durée, varient suivant les espèces et la destination de l'animal : on peut dire cependant qu'un repas ne devra avoir lieu qu'alors que les aliments des repas précédents auront été digérés; sa durée sera plus longue pour les ruminants et pour les vieux animaux; elle sera abrégée suivant que les aliments seront d'une mastication plus facile.

La *propreté* dans l'affouragement, les râteliers et les mangeoires, est encore essentielle; il conviendra de donner les aliments successivement, sans trop charger les mangeoires; autrement l'animal se dégoûte; s'il est délicat, il choisit les parties meilleures en laissant les autres (à moins qu'on ne veuille précisément lui laisser opérer ce triage); s'il est gourmand, il s'emplit trop vite l'estomac : c'est une bonne méthode de donner peu et souvent. C'est ainsi que l'alimentation à la main, poignée par poignée, est employée avec succès dans certains engraissements aux choux, aux raves, et dans les circonstances où on veut épargner le fourrage.

SECTION II. — DES DIVERS ALIMENTS.

Fourrages verts. La plupart sont livrés à la consommation au moment où ils ont pris un certain développement et de la consistance : les graminées, alors que l'épi est prêt à sortir; la luzerne, le sainfoin, la minette, le trèfle, quand ces

plantes sont en fleur ; les pois, vesces, gesses, quand déjà les
cosses sont formées. Le colza, la spergule, la navette, sont en
fleurs ; l'ajonc est à l'état de pousses tendres, et les choux en
feuilles et en tiges. L'analyse démontre, dit M. I. Pierre, que,
sous le rapport de leur valeur nutritive, les diverses parties
de la plante doivent se ranger dans l'ordre suivant : 1º les
fleurs ; 2º les feuilles ; 3º le fourrage entier ; 4º la partie supérieure des tiges; 5º enfin la partie inférieure. La plante fauchée
en feuilles ou avant la fleur serait donc plus nutritive, mais
la quantité obtenue plus tard compense au-delà cette différence. Il est à remarquer en outre que des fauchages plus
répétés d'une prairie artificielle ne fournissent jamais autant
que les coupes faites à la floraison. Les graminées et les légumineuses en vert forment surtout la base de ce qu'on appelle
la nourriture verte des vaches, des bœufs, en partie des moutons, et même des chevaux d'élève. Pour les chevaux de travail, c'est une nourriture trop rafraîchissante qui leur est
administrée, surtout comme hygiène, sous le nom de *vert*.
Les fourrages verts agissent comme ration d'entretien, d'élève,
de lait et de graisse, suivant leur nature et leur dose. Leur
administration demande quelques précautions au moment du
passage du sec au vert, et dans l'affouragement avec les
plantes qui peuvent météoriser les animaux. L'*ajonc* et les
choux se distinguent des autres plantes vertes, en ce qu'elles
sont surtout un fourrage d'hiver dans le nord-ouest ; le premier pour les chevaux, le second pour les bœufs et vaches ;
le *genêt à balais* est brouté par les moutons. On hache quelquefois le vert quand il devient trop dur, et pour éviter que
les animaux n'en rejettent trop en dehors des mangeoires.

Les **racines** ont une certaine analogie d'action avec les
fourrages verts, à la différence cependant qu'elles sont une
nourriture d'hiver ; les betteraves, les rutabagas, les topinambours, les navets se donnent ordinairement à l'étable et
hachés. Les racines hachées doivent être déposées sur une
place propre, parce que le sable adhère facilement à leurs

surfaces humides ; elles ne doivent pas être broyées ou hachées trop longtemps avant l'affouragement, parce qu'en cet
état elles s'altèrent à l'air. En Angleterre, les turneps sont
pâturés sur place ; les racines ne composent jamais toute la
ration, qui comprend en outre des pailles, des fourrages secs
et des farineux pour la production laitière ou l'engraissement.
Les betteraves, navets, etc., sont rarement donnés cuits. La
pomme de terre est, au contraire, quelquefois pour les vaches
et toujours pour les porcs soumise à la cuisson, qui tempère
son âcreté. Dans les betteraves à sucre, la partie hors de terre
est la plus riche en matière nutritive; la différence varie quelquefois du simple au double. On pourrait en dire autant des
navets et des carottes. Les pommes de terre, les topinambours
et les carottes surtout peuvent seuls entrer dans la ration de
travail des chevaux. Les racines fibreuses peuvent être employées à l'alimentation ; on utilise ainsi les racines de chien-
dent. L'essai pourrait être tenté sur d'autres racines.

Marcs et résidus humides. 190 kilog. de pommes
de terre distillées donnent 250 de résidu ; le résidu équivaut
du tiers à la moitié des pommes de terre employées ; 1 hect.
de résidu, ou 100 kilog., égalerait 20 kilog. de pommes de
terre, ou 7 à 8 kilog. de foin.

Le résidu de la distillerie de grain semble être dans les
mêmes conditions. On estime que le résidu de 100 kilog. de
grains équivaut à 100 kilog. de foin.

Le résidu de féculerie équivaut au cinquième de la pomme
de terre employée et au sixième de son poids en foin. Un
hectolitre de pulpe pesant 110 kil. environ vaudrait donc
15 kil. de foin.

Le résidu de brasserie, ou *drèche*, équivaut à peu près au
dixième, en matière sèche, du grain employé pour le malt,
ou au douzième du grain malté; 100 kil. de grains donne-
raient donc 12 kil. de drèche sèche, ou 60 kil. de drèche
humide ; il faudrait 150 kil. de drèche pour équivaloir à
100 kil. de foin.

Dans l'amidonnerie, 100 kil. de froment donnent 32 à 35 kil. de son sec, produit d'un hectolitre de son humide, d'un poids de 70 kil. qu'on regarde comme l'équivalent de 30 kil. de foin, ce qui donnerait 233 kil. de son humide, ou 110 kil. sec pour 100 de foin. Le *gluten,* si on le recueille, peut devenir, mélangé à d'autres substances, un bon aliment pour les bestiaux.

La betterave donne en résidu, par la presse, 28 pour 100 de pulpe, qui contient 50 pour 100 d'humidité ; dans les distilleries Champonnois, la quantité est double, mais le résidu contient plus de 80 pour 100 d'eau. Le marc de presse est généralement préféré. Son prix s'élève parfois à 16 fr. les 1000 kil.

Le *marc de raisin* se donne aux animaux, distillé ou non distillé ; à ce dernier état, il peut nourrir les chevaux. Le marc distillé est mangé avec appétit par tous les autres bestiaux. On obtient environ, par hectolitre de vin, 15 kil. de marc sans la râfle, ou 20 avec la râfle, qui doit en tout cas être triée avant qu'on ne donne le marc aux bestiaux. Dans le Midi, on engraisse des moutons avec le marc distillé et le foin ; on peut donner jusqu'à 15 kil. de marc aux bêtes bovines. Il renferme de 60 à 75 pour 100 d'humidité. On le conserve, comme les autres résidus, bien tassé dans des fosses en terre, et recouvert de paillassons ; on le conserve encore sous l'eau.

Le marc de *pomme* est donné quelquefois aux animaux d'espèce bovine ; quand il a été bien conservé et saupoudré de son, c'est un aliment passable ; autrement il doit être repoussé.

Fourrages secs. Les *foins de prairie* naturelle diffèrent considérablement de valeur ; on peut, sous ce rapport, les classer dans l'ordre suivant : 1° foins de prairies hautes, suffisamment fraîches et un peu calcaires ; 2° de prairies humides et arrosées, mais saines ; 3° de prairies marécageuses ; 4° de prairies acides. Les premiers conviennent à tous les animaux, aux chevaux surtout ; les seconds, un peu moins fins, sont encore bons pour les bêtes d'engrais ou laitières et les bœufs de travail ; les deux derniers ne donnent qu'une alimentation médiocre, réservée aux bœufs. Le bon foin doit se composer de tiges fines, déliées, flexibles, garnies de feuilles ; sa *couleur* doit être légèrement verte et uniforme ; une couleur trop verte indique parfois des foins de bois ou de lieux ombragés ; sa *saveur* douce et un peu sucrée, son *odeur* agréable.

Les espèces de plantes qu'il renferme sont encore une indice de sa valeur. On indique l'ordre suivant dans la valeur nutritive des graminées des prairies les plus ordinaires : fléau des prés, paturins, raygrass d'Italie, cretelle, agrostis traçante ; en deuxième ligne, le fromental, le dactyle, le vulpin, le raygrass anglais ; en troisième ligne, les bromes doux, les fétuques, la flouve, la houlque laineuse ; la présence des trèfles, des lupulines ajoute à la valeur des prairies ; la carotte, la jacée indiquent les foins de prés secs.

Les foins *étiolés, vasés, lavés, moisis, échauffés,* trop *vieux,* sont mauvais. On doit considérer comme médiocre le foin blanchâtre, sec, cassant, sans saveur, sans odeur, renfermant des tiges grossières et dures, des plantes de terrains humides ou récoltées trop mûres. Le *mauvais* foin est celui qui présente ces caractères à un plus haut degré, dans lequel se trouvent des *joncs* et des *carex,* qui offre des taches jaunâtres ou noires, qui exhale une odeur de moisi ou de marée, laisse échapper une poussière âcre quand on le frappe, poussière due aux moisissures ou à la vase, s'il a été vasé. On doit éviter de donner ces foins, ou, si on ne peut faire autrement, il faut d'abord les battre, les secouer pour en faire tomber la poussière, les donner à petites doses et mélangés, ou arrosés d'eau salée.

Le regain est la seconde ou troisième coupe du foin ; plus fin et plus doux, il convient mieux pour les bêtes à lait, moins pour celles de travail.

Les foins de raygrass sont nourrissants, mais durs; on a peu recours aux foins de fourrages annuels, avoine, seigle, mais le produit du châtrage du maïs est une ressource précieuse pour le sud de la France.

Les foins de *luzerne* sont riches en principes nutritifs; on réserve pour les vaches les regains et les luzernes fines. Le bon foin de luzerne est vert et non jaunâtre ou noir; son odeur est agréable; il doit être feuillé, à tiges assez fines (la tige est plus nourrissante que la feuille). Ce foin doit être pur et non mélangé d'herbes, et surtout de *brome stérile.*

Le *sainfoin* est un fourrage excellent pour les chevaux et tous les animaux; il développe moins la pléthore que la luzerne, mais il se conserve moins longtemps, s'altère facilement par la simple humidité de l'air et devient poudreux; les qualités du bon foin sont les mêmes que celles de la luzerne.

Le foin de *trèfle* convient à tous les animaux, mais plus spécialement à l'espèce bovine et ovine; noir, cassant, poudreux, il est malsain.

Les foins ou pampres secs, de *vesce, pois, gesse, lentilles, hivernage,* conservant une partie de leurs graines plus ou moins mûres, sont d'un grand usage dans les fermes. Leur valeur varie beaucoup, suivant que la plante a été plus ou moins gâtée par les insectes, qu'elle est plus grenue, la graine plus mûre, qu'elle a été convenablement récoltée. Les gesses (ou jarras) ne doivent être données qu'aux moutons; leur action est pernicieuse sur le cheval. C'est également pour les moutons qu'on réserve les *feuillards,* branches garnies de leurs feuilles, qu'on coupe vers la fin de l'été et qu'on laisse sécher; parmi les feuilles, celles de mûrier, de vigne, d'orme, de frêne, d'acacia, de coudrier, sont les plus employées; dans certains vignobles, on donne aux chèvres, et même aux vaches, des feuilles de vigne conservées en fosse, stratifiées avec des sarments, quelquefois légèrement salées.

Les *pailles* sont les tiges des céréales ayant porté graine;

on étend ce nom aux tiges d'autres plantes qui ont également parcouru leur période de végétation. On a ainsi des pailles de pois, vesce, féverole, lentille, luzerne, sainfoin, colza, etc. La table des équivalents suppose les pailles des céréales qu'elle indique, également nettes d'herbe, de graine, et récoltées à peu près de la même manière ; mais il n'en est pas ainsi généralement : il se trouve ordinairement avec les pailles plus ou moins d'herbe dans la gerbe, de grain dans l'épi ; la paille sciée est plus riche comme paille, mais moins fournie d'herbes que la paille fauchée ; la paille d'un grain très-mûr, celle javelée, versée, mouillée, a moins de valeur. La paille du Midi est plus nourrissante que celle du Nord, l'*épi* et la *balle* plus que la tige, le haut de la tige plus que le pied, les pailles fines plus que les pailles très-hautes ; celles des sols siliceux ou calcaires sont un peu différentes ; les variétés de froment ont des pailles plus ou moins riches. On distingue encore la paille battue au fléau de celle battue à la machine, ou de celle dépiquée, à laquelle on mêle d'ailleurs beaucoup d'herbes adventices. Dans l'alimentation, c'est au cultivateur à peser toutes ces différences ; il est évident que si les pailles sont évaluées au poids, l'eau qu'elles contiennent diminue leur valeur. Les pailles sont données entières ou hachées (V. *Hache-paille*). Cependant, si la paille est herbeuse, on la donne entière, et les animaux choisissent ce qu'il y a de meilleur. En général, toute la paille doit être fourragée avant d'être employée en litière. On estime que dans l'affourragement les animaux mangent 15 à 29 pour 100 de la paille. La paille de froment convient mieux surtout aux chevaux ; la paille d'avoine paraît leur être moins favorable ; elle est réservée pour les bêtes à cornes ; on a prétendu que la paille de l'avoine javelée était plus appétée par les animaux. Un léger javelage peut amollir la tige ; mais trop prolongé, il l'altère. La paille d'orge est en général peu estimée : on lui reproche d'être trop sèche ; du reste, avec l'usage des pailles on doit augmenter les boissons. Les pailles de maïs et les râfles même de l'épi, les pailles de colza ou navette, broyées et humectées, mêlées à des pulpes, sont mangées par les bêtes à cornes ; les pailles de lentille, vesce, pois, figurent parmi les plus succulentes.

Grains et graines. Les grains, leurs issues et résidus secs, sont les aliments les plus riches ; on doit les donner avec précaution et simultanément avec des fourrages moins riches : les grains très-nourrissants, les féveroles, pois, vesces, seigles, orges, ne doivent entrer que pour un tiers ou moitié au plus dans la ration des animaux de travail ; les grains se donnent trempés, concassés, cuits ; on avait exagéré, dans ces derniers temps, la nutritivité du seigle cuit. On doit reconnaître, cependant, que la cuisson le rend plus digestible. Réduits à l'état de *pain*, l'orge et le seigle sont donnés accidentellement au cheval avec avantage ; cette nourriture rendue habituelle paraît être peu favorable. Le pain ne doit pas être donné tout frais ; moisi, il peut être dangereux. L'état pulvérulent des *farines* ne permet de les donner que délayées ou mêlées à d'autres aliments ; il en est de même des *sons* et des *recoupes*. La graine de lin est employée, depuis quelques années, cuite et mélangée avec d'autres aliments. La graine de sainfoin équivaut en poids aux féveroles.

Les **farines**, *sons* et *recoupes* sont de qualités fort différentes, suivant le mode de mouture ; on voit d'après les tables que le son est plus riche en matières grasses et en azote que la farine, mais il est plus difficilement assimilable ; le poids est un des meilleurs moyens d'appréciation de ces substances : en les supposant également saines et fraîches, voici le poids de l'hectolitre comble des farines et issues : gros son 17 à 20 kil., petit son 20 à 24 kil., recoupettes 24 à 30 kil., remoulage 40 à 50 kil., farine non blutée 40 à 45 kil., blutée (suivant le tassement) 50 à 75 kil.

Tourteaux. Les tourteaux de graines et fruits oléagineux sont placés au premier degré de l'échelle alimentaire ; ils conviennent aux bestiaux de rente surtout. Les graines

oléagineuses renferment, en effet, une proportion considérable d'une matière azotée analogue au caséum du lait ; or,
le marc qui sort du pressoir retient en totalité cette matière ;
les bestiaux y trouvent, en outre, 10 à 12 pour 100 de matière grasse, puis des phosphates terreux.

L'analyse des différents tourteaux, par MM. Soubeyran et
Girardin (V. *Sol et engrais,* page 111), place l'œillette, le
chanvre, le lin et le colza à peu près sur la même ligne ;
puis viennent le sésame, la cameline, l'arachide et la faîne ;
la pratique les classe un peu différemment : lin, œillette,
colza, sésame, arachide, chanvre, faîne. Le tourteau de noix
est également au premier rang. Le tourteau d'œillette est
très-estimé pour l'engraissement ; le colza passe pour plus
favorable à la sécrétion du lait ; on lui reproche cependant,
ainsi qu'à celui de navette et de moutarde, de posséder un
principe âcre qui résiste aux forces digestives et communique
aux fumiers une propriété caustique, d'où résulte une maladie légère aux pieds des animaux placés sur ces fumiers.
Le tourteau de chanvre et celui de faîne, administrés en assez
grande quantité, peuvent donner la diarrhée aux animaux ;
le tourteau de faîne serait même mortel pour les chevaux.
Les tourteaux doivent être conservés dans un endroit sec.

CHAPITRE III. — HYGIÈNE GÉNÉRALE.

L'hygiène générale comprend l'ensemble des soins de
l'homme, destinés à préserver l'animal des causes de destruction et de maladie.

Ces causes sont : 1° l'action des agents physiques qui l'en-
vironnent, tels que le climat, l'atmosphère, le sol, etc.; ils
peuvent se résumer sous le titre d'*hygiène de l'habitation;*

2º l'action même de l'homme qui dirige l'exercice de ses organes dans le travail et la production, action dont la bonne direction constitue l'*hygiène du travail et de la production*.

On peut rattacher à l'*hygiène de l'habitation* les soins destinés à prévenir les atteintes que les animaux peuvent recevoir des autres animaux de leur espèce, comme des blessures dans des luttes, et même la transmission de maladies contagieuses, soit d'animaux d'une autre espèce, comme l'attaque du loup, du renard et de quelques autres carnassiers, ou enfin celle des insectes. Le danger des luttes entre les animaux de même espèce se présente surtout entre les mâles ou les individus vicieux ; on le prévient par la surveillance et par l'isolement. Les maladies contagieuses sont du ressort de la vétérinaire usuelle. Quant aux animaux et aux insectes nuisibles, il en sera parlé ailleurs.

§ 1er. — *Hygiène de l'habitation et du régime.*

Sol. Les localités peuvent se diviser, sous le rapport de l'hygiène, en contrées basses et humides, plaines sèches et montagnes. Les lieux bas et humides sont ordinairement peu salubres : l'imperméabilité du sol, la stagnation d'eaux marécageuses, source de miasmes, des plantes souvent nuisibles et ordinairement aqueuses, contribuent à rendre ces localités peu favorables aux animaux ; les moutons y sont décimés par la pourriture ; les affections du foie et du poumon attaquent l'espèce bovine. Un climat chaud augmente l'insalubrité des terres humides et basses ; un climat froid là diminue, mais entraîne d'autres inconvénients en maintenant l'humidité et en appauvrissant les ressources de l'alimentation végétale.

Si on ne peut éviter les localités insalubres, dit M. Magne, il faudra donner aux animaux une nourriture tonique excitante, faire usage de sel, de vinaigre, de gentiane, garantir les animaux par des couvertures ; on placera les habitations hors de l'influence des marécages, les ouvertures opposées à leur direction. On ne doit pas conduire les troupeaux dans les pâturages voisins des marais, avant que la rosée ne soit dissipée ; on évitera de les y conduire à jeun, de les y laisser après le coucher du soleil ; on ne laissera pas reposer les animaux près des terres vaseuses, surtout le soir et s'ils ont travaillé pendant le jour ; les pâturages de nuit sur les prairies humides, usités dans beaucoup de contrées, sont aussi pernicieux pour les gardiens que pour les animaux.

Climat.—Les climats excessifs en froid ou en chaud, ceux à variations brusques conviennent peu à l'élevage. Les plaines suffisamment élevées, à sol perméable, calcaire, sont salubres pour les animaux ; sous un climat chaud, elle ne présente pas cependant des ressources fourragères abondantes ; les animaux y souffrent des excès de la température ; l'espèce ovine y prospère plutôt que le cheval et le bœuf. Nos grandes plaines à climat tempéré sont convenables pour toutes les espèces ; cependant sur les bords de la mer les habitations demandent des abris contre les vents d'ouest ; lorsque ces plaines sont privées d'eau, les maladies qui procèdent d'une nourriture trop riche, le sang de rate, les affections charbonneuses dominent. L'hygiène de l'alimentation demande à être observée avec soin : mélanger des fourrages racines aux fourrages secs, donner des boissons suffisantes et saines, tenir les animaux à l'abri des chaleurs et des mouches, dans l'été, éviter pendant le soleil les pâturages dans des vallons brûlants, tels sont les moyens généraux d'hygiène. Sous un climat tempéré et humide, comme celui des régions à pâturages de l'Angleterre, de la Flandre, etc., ces inconvénients disparaissent, et les animaux s'y trouvent dans les meilleures conditions.

Les *montagnes* ont également leur hygiène exigée par un climat excessif ; les variations brusques de température, un froid rigoureux en hiver, en été des chaleurs brûlantes, suivant les expositions, sont la source d'affections de poitrine et réclament un soin particulier des jeunes animaux.

Saisons. Les *saisons* agissent sur l'entretien des animaux domestiques par les modifications qu'elles exercent sur l'atmosphère, le climat, la durée du jour, le régime, etc.; elles commandent des soins variables, suivant ces rapports. Dans les climats humides et froids, l'hiver est long, le printemps tardif; les ressources fourragères se font longtemps attendre; l'été développe ces ressources, mais une abondance subite détermine quelquefois une réaction fâcheuse; après l'appauvrissement du sang vient la pléthore sanguine. Dans le sud de la France, les saisons marquent, par l'*estivage* des animaux, des modifications bien tranchées dans leur régime. L'hygiène de l'alimentation à l'intérieur ne tient pas moins compte des saisons : au printemps, le vert; pendant les grandes chaleurs de l'été, un régime plus rafraîchissant; pendant les travaux excessifs de l'automne, une nourriture substantielle modérée par des tempérants. Sous le régime du pâturage, l'hiver exige du cultivateur une prévoyance particulière pour maintenir les animaux en état; l'hiver est funeste aux animaux mal nourris, faibles de complexion; aussi les réformes ont-elles lieu au début de cette saison. Enfin, l'époque de l'accouplement, celle de la naissance des jeunes animaux, l'engraissement, etc., sont encore déterminées par les saisons.

Logement. Le *logement* de chaque espèce d'animaux réclame des conditions particulières de convenance, sur lesquelles nous insisterons dans la *Zootechnie spéciale*. Quant aux conditions générales de salubrité, voici comment nous pouvons les résumer, avec M. de Gasparin :

A. *Salubrité par rapport à l'air.* 1° Exposition au midi en général, ou au sud-est. 2° Voisinage des eaux courantes, éloignement des eaux stagnantes. 3° Plantations interposées entre les bâtiments et les vents chauds et humides. 4° Abri du côté du nord, dans certaines contrées froides et humides. 5° Exposition opposée à la source des miasmes, dans les pays de mauvais air. 6° Épaisseur moyenne des murs, plafond haut, bien joint, ventilation suffisante et rapprochée du plafond. 7° Ouvertures au sud, disposées pour modérer l'entrée de la chaleur, de l'air et de la lumière. 8° Surface et cube intérieur en rapport avec le nombre des animaux (formule générale : 4 mètres au moins par 100 kil. de poids vivant).

B. *Salubrité par rapport à l'humidité.* 1° Terrain incliné légèrement. 2° Élévation au-dessus du sol. 3° Dégagement des murs à l'extérieur (non adossement à un talus ou sol plus élevé). 4° Sous-sol perméable et incompressible. 5° Espacement des plantations donnant trop d'ombrage.

C. *Position par rapport à l'exploitation.* 1° Centralisation des bâtiments pour la surveillance des animaux. 2° Abord facile et propre pour l'entrée, la sortie et la marche des animaux, l'affourragement et la sortie des fumiers, etc.

§ 2. — *Hygiène du travail et de la production.*

Outre les soins préservatifs généraux indiqués dans la section précédente, il est des soins particuliers destinés à réagir sur les différentes fonctions des organes, et qui, sans avoir le caractère de soins médicaux, agissent cependant comme moyens préventifs contre les maladies. Telles sont les litières répandues sous les animaux, une température égale, modérée, qui n'expose pas les animaux entrant ou sortant à des passages trop brusques de la chaleur au froid, la désinfection des écuries ou des étables lorsque des circonstances particulières l'exigent (V. *Vétér. usuelle*), les frictions de la peau à l'aide de torches de paille, d'étrilles, de cordes, etc., les bains généraux ou partiels dans certaines saisons. L'hygiène générale des fonctions de locomotion, ou la répartition convenable de l'exercice ou du repos, appelle encore l'attention du cultivateur.

Les soins hygiéniques devront être bien entendus, mais non exagérés, et le cultivateur usera surtout sobrement de ces médications préventives, telles que saignées de précaution, purgatifs, cautères, etc., qu'une demi-science applique toujours irrationnellement ; l'organisme d'ailleurs s'y habitue, et leur suppression devient ensuite plus fâcheuse que leur introduction n'a été utile.

C'est surtout dans la bonne direction de l'exercice des organes de l'animal, dans la mesure bien équilibrée du travail et du repos, dans un rapport convenable des moyens et de l'effet à produire, que réside principalement l'hygiène qui incombe au cultivateur. C'est par l'irrégularité du travail, des efforts excessifs succédant brusquement à un repos prolongé, une nourriture surabondante donnée après un régime médiocre, afin d'exciter l'animal au travail ; c'est par l'inhabileté ou la malveillance d'un charretier que se produisent trop souvent les accidents, les maladies, l'usure prématurée. (V. *Hygiène du travail*, espèce bovine et chevaline.)

Ce sont là les règles générales de l'entretien de l'animal ; mais l'*utilisation* peut les modifier jusqu'à un certain point dans leur application. L'*utilisation*, en effet, ne veut pas toujours la conservation de l'animal. Elle consiste souvent, au contraire, dans la destruction de l'individu même ou de l'équilibre des fonctions, de manière tantôt à obtenir un produit en excès, soit, par exemple, une sécrétion surabondante de lait, une accumulation d'albumine et de graisse, tantôt à développer outre mesure certains organes comme le foie chez les oies, ou à supprimer d'autres organes inutiles au but du producteur, comme dans la castration. De là résultent des règles particulières dans l'entretien de l'animal, variant suivant le *régime* d'utilisation auquel on le soumet. On peut distinguer quatre régimes principaux : régime d'élevage, régime de travail, régime laitier, régime d'engraissement. Ces régimes varient un peu suivant les animaux. Nous n'en parlerons que dans la *Zootechnie spéciale*. Nous poserons, à l'occasion de l'espèce bovine, les règles générales de l'engraissement et de la production laitière.

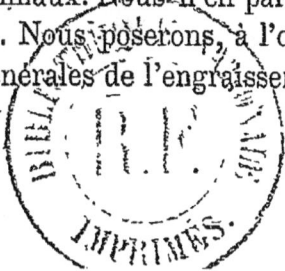

TABLE DES MATIĕRES.

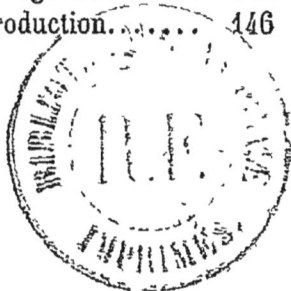

FIN DE LA TABLE.

LIBRAIRIE AGRICOLE

DE LA

MAISON RUSTIQUE

RUE JACOB, 26, A PARIS

La Librairie agricole envoie franco à toute personne qui en fait la demande son catalogue et un numéro spécimen de chacun des journaux qu'elle publie. (Voir l'*Avis important* à la dernière page.)

DIVISION DU CATALOGUE

MAISON RUSTIQUE DU XIXᵉ SIÈCLE

CINQ VOLUMES GRAND IN-8º A DEUX COLONNES

ENSEMBLE DE 2,700 PAGES, AVEC 2,500 GRAVURES.

PUBLIÉS SOUS LA DIRECTION DE

MM. BAILLY, BIXIO ET MALPEYRE

TABLE DES PRINCIPAUX CHAPITRES DE L'OUVRAGE

Il n'y a pas d'agriculteur éclairé, pas de propriétaire qui ne consulte assi-
dûment la *Maison rustique du dix-neuvième siècle*; ce livre, qui est encore l'expression la plus complète de la science agricole pour notre époque, peut former
à lui seul la bibliothèque du cultivateur. 2,500 gravures réparties dans le texte
parlent aux yeux et donnent aux descriptions une grande clarté.

I. — TRAITÉS GÉNÉRAUX D'AGRICULTURE

Maison rustique du XIXᵉ siècle (*voir page 2*).

SCHWERZ. — Manuel de l'agriculteur commençant (*Bibl. du Cult.*), traduit par Villeroy. In-18 de 332 pages. 1.25

TEISSERENC DE BORT (Edmond). — Petit Questionnaire agricole à l'usage des écoles primaires des pays de pâturage (*Bibl. des écoles primaires*). 1 vol. in-18 de 192 pages et 16 grav. cartonné toile à l'anglaise. 1.25

II. — CHIMIE ET PHYSIOLOGIE AGRICOLES. — SOLS, ENGRAIS ET AMENDEMENTS. — PHYSIQUE, MÉTÉOROLOGIE.

Maison rustique du XIX° siècle, tome I°ʳ (*voir page 2*).

Mémorial du propriétaire-améliorateur ; emploi et dosage des amendements calcaires. In-12 de 296 p. . . 2.50

BIEZ (Em.). — La Doctrine des engrais chimiques de M. Georges Ville résumée en deux tableaux synoptiques : 1° la théorie ; 2° la pratique. 2 tableaux grand in-plano . . . . 5. »

BORTIER. — Coquilles animalisées, leur emploi en agriculture. In-8° de 8 pages. . . . . 1. »

—— Calcaire à nitrification, matière fertilisante. Broch. gr. in-8° de 8 pages et une gravure. . . . . 1. »

—— Tangue ou sablon calcaire marin. Broch. gr. in-8° de 16 pages et une carte . . . . 1. »

COUDERC (Victor). — Analyse des terres arables, méthode simple, facile et suffisamment exacte. Brochure. in-8° de 16 pages. . . . . » 50

DAUVERNÉ. — Huit Leçons d'agriculture et de chimie agricole. 1 vol. in-18 de 200 pages. 1.25

DOMBASLE (de). — Pratique agricole, améliorations du sol, engrais et amendements, etc. (tome II du *Traité d'agriculture*, voir page 3). 1 vol. in-8° de 456 pages . . . . . . 5. »

DUDOUY. — Comptabilité du sol ; enlèvement par les plantes et restitution par les engrais des substances organiques et minérales. 1 grand tableau colorié. 3.50

Collé sur toile, verni, avec rouleaux. 6.50

FOUQUET (G.). — Conférences agricoles : le fumier, épuisement du sol par les plantes et le bétail, etc. 1 vol. in-18 de 120 pag. 1.25

GASPARIN (comte de). — Cours d'agriculture, tomes I, II, et IV : terrains agricoles, engrais et amendements, météorologie, nutrition des plantes, etc. (voir page 3).

GRANDEAU. — Traité d'analyse des matières agricoles. Sols, eaux, amendements, engrais, principes immédiats des végétaux, fourrages, boissons, fumier, excréments, laine, produits de la laiterie. 1 vol. petit in-8 de 516 pages ou tableaux . . . . 9. »

—— Chimie et physiologie appliquées à la sylviculture (annales de la station agronomique de l'Est, travaux de 1868 à 1878) 1 vol. grand in-8° de 414 pag. . . 9.

—— La Nutrition de la plante : les doctrines agricoles, l'atmosphère et la plante. (Tome Ier du Cours d'agriculture de l'École forestière) un beau vol. grand in-8° de 624 pages, 89 figures et une planche, cartonné à l'anglaise. . . . . 12. »

HEUZÉ (Gustave). — Les Matières fertilisantes, engrais minéraux, végétaux et animaux, solides et liquides, naturels et artificiels. 4e édition, 1 vol. in-8° de 708 pages et 41 gr. . 9. »

HOUZEAU. — Détermination de la valeur des engrais, instruction pour l'emploi de l'azotimètre servant à doser l'azote des engrais. Gr. in-8° de 24 pages, avec tableaux. . . 1. »

JOULIE. — Guide pour l'achat et l'emploi des engrais chimiques. 1 vol. in-8° de 488 pages. . . . . 3. »

LEFOUR. — Sol et Engrais (Bibl. du Cult.). In-18 de 176 pages et 54 grav. 1.25

LÉVY (Dr). — Amélioration du fumier de ferme par l'association des engrais chimiques et la création de nitrières artificielles. In-18 de 152 pages. . . . . 2. »

MARIÉ-DAVY. — Météorologie et physique agricoles. 1 vol. in-18 de 400 pages et 53 grav. 3.50

MASURE. — Leçons élémentaires d'agriculture, à l'usage des agriculteurs praticiens, et destinées à l'enseignement agricole dans les écoles spéciales d'agriculture.
Première partie : les plantes de grande culture, leur organisation et leur alimentation. In-18 de 330 p. et 32 grav. . 3.50
Deuxième partie : Vie aérienne et vie souterraine des plantes de grande culture. 1 vol. in-18 de 477 pages et 20 grav. 3.50

MUSSA (Louis). — Pratique des engrais chimiques, suivant le système Georges Ville (Bibl. du Cult.). In-18 de 144 pages. 1.25

PAGNOUL (A.). — Station agricole du Pas-de-Calais, compte-rendu de ses travaux en 1877 et description des principales méthodes d'analyse employées. Broch. in-8° de 94 pages ou tableaux. . . . . 2. »

PERNY DE M***. — A B C de l'agriculture pratique et chimique. 4me édit. 1 vol. in-12 de 360 pages. 3.50

PETERMANN (A.). — La Composition moyenne des principales plantes cultivées. Tableau colorié . . . 3. »

PETIT (Th.). — Les Engrais chimiques dans le sud-ouest. In-8° de 102 pages. . . . . 1. »

SCHWERZ. — Manuel de l'agriculteur commençant (*Bibl. du Cult.*), traduit par Villeroy. In-18 de 332 pages. 1.25

TEISSERENC DE BORT (Edmond). — Petit Questionnaire agricole à l'usage des écoles primaires des pays de pâturage (*Bibl. des écoles primaires*). 1 vol. in-18 de 192 pages et 16 grav. cartonné toile à l'anglaise. 1.25

II. — CHIMIE ET PHYSIOLOGIE AGRICOLES. — SOLS, ENGRAIS ET AMENDEMENTS. — PHYSIQUE, MÉTÉOROLOGIE.

Maison rustique du XIXᵉ siècle, tome Iᵉʳ (*voir page 2*).

Mémorial du propriétaire-améliorateur ; emploi et dosage des amendements calcaires. In-12 de 296 p. . . 2.50

BIEZ (Em.). — La Doctrine des engrais chimiques de M. Georges Ville résumée en deux tableaux synoptiques : 1° la théorie ; 2° la pratique. 2 tableaux grand in-plano . . . . 5. »

BORTIER. — Coquilles animalisées, leur emploi en agriculture. In-8° de 8 pages. . . . . 1. »

—— Calcaire à nitrification, matière fertilisante. Broch. gr. in-8° de 8 pages et une gravure. . . . . 1. »

—— Tangue ou sablon calcaire marin. Broch. gr. in-8° de 16 pages et une carte . . . . 1. »

COUDERC (Victor). — Analyse des terres arables, méthode simple, facile et suffisamment exacte. Brochure. in-8° de 16 pages. . . . . » 50

DAUVERNÉ. — Huit Leçons d'agriculture et de chimie agricole. 1 vol. in-18 de 200 pages. 1.25

DOMBASLE (de). — Pratique agricole, améliorations du sol, engrais et amendements, etc. (tome II du *Traité d'agriculture*, voir page 3). 1 vol. in-8° de 456 pages . . . . 5. »

DUDOUY. — Comptabilité du sol ; enlèvement par les plantes et restitution par les engrais des substances organiques et minérales. 1 grand tableau colorié. 3.50

Collé sur toile, verni, avec rouleaux. 6.50

FOUQUET (G.). — Conférences agricoles : le fumier, épuisement du sol par les plantes et le bétail, etc. 1 vol. in-18 de 120 pag. 1.25

GASPARIN (comte de). — Cours d'agriculture, tomes I, II, et IV : terrains agricoles, engrais et amendements, météorologie, nutrition des plantes, etc. (voir page 3).

RONNA (A.). — Rothamsted, trente années d'expériences agricoles de MM. Lawes et Gilbert. Broch. gr. in-8° de 228 pages avec 6 gr. et 91 tableaux. . . . . 6. »

—— Eaux d'égout de la ville de Reims, irrigation ou épuration chimique. Broch. grand in-8° de 76 pages ou tableaux. 2. »

SACC. — Chimie du sol (*Bibl. du Cult.*). In-18 de 148 pages. . . 1.25

—— Chimie des végétaux (*Bibl. du Cult.*). In-18 de 220 pages. 1.25

—— Chimie des animaux (*Bibl. du Cult.*). In-18 de 154 pages. 1.25

STOCKHARDT. — Chimie usuelle, appliquée à l'agriculture et aux arts, traduite par Brustlein. In-18 de 524 p. et 225 gr. 4.50

VILLE (Georges). — Les Engrais chimiques, entretiens agricoles donnés aux champs d'expériences de Vincennes. 2 vol. in-18 ensemble de 816 p. avec gravures et planches :

    1er volume : Entretiens de 1867. 4e édition. 412 pages avec préface nouvelle. 4 gravures et 2 planches 3.50

    2me vol. : Les Engrais-chimiques, le fumier et le bétail, nouveaux entretiens agricoles 1874-1875. In-18 de 420 pages et deux tableaux in-folio. 3.50

—— L'École des engrais chimiques, premières notions de l'emploi des agents de fertilité (*Bibl. des écoles primaires*). In-12 de 108 pages et 1 planche. . . . . 1.

III. — CULTURES SPÉCIALES

(Céréales, plantes fourragères, vigne, etc., etc.; maladies des plantes, insectes nuisibles.)

Maison rustique du XIXe siècle, tomes I et II *(voir page 2)*.

BORIT (Eugène). — Viticulture de l'Anjou. 1 vol. in-18 de 140 pages 1.50

BURGER. — Hygiène de la vigne, traitement des vignes phylloxérées par le sulfate de fer. 8 pages in-8°. . . . . ».50

CARRIÈRE. — La Vigne. 1 vol. in-18 de 396 pages et 122 grav.. . 3.50

CHARREL. — Traité de la culture du mûrier. In-8°, 268 p. . 1.75

CHAVANNES (de). — Le Mûrier, manière de le cultiver avec succès dans le centre de la France. 1 vol. in-8° de 128 pages. . . 1.25

COLLIGNON D'ANOY. — Nouveau Mode de culture et d'échalassement de la vigne. In-8° de 200 p. et 3 planches. 3. »

CORVISART (Baron). — Notice sur la conservation très-prolongée du maïs fourrage à l'état frais et vert dans de simples silos économiques en terre nue, Broch. in-4° de 24 pages et 5 gravures. 2.50

D*** (Gustave). — **Le Hanneton**, ses ravages, moyens de le
détruire. Broch. in-8° de 16 pages. . . . . » .75

DÉJERNON. — **La Vigne en France et spécialement dans
le Sud-Ouest**, aperçus économiques, culture de la vigne,
reproduction, cépages, engrais, plantation, taille et façons,
1 vol. in-8° de 500 pages. . . . . 5. »

DESFORGES. — **Préservatif certain contre la gelée des
vignes**. Broch. in-8° de 16 pages et 8 grav. . . . . . » .50

DOMBASLE (de). — **Pratique agricole**, culture des plantes, récoltes, et conservation des produits, etc. (Tome III du *Traité
d'agriculture*, voir page 3), 1 vol. in-8° de 400 pages. . . . 5. »

DOYÈRE. — **Recherches sur l'alucite des céréales.** In-4°
de 146 pages et 3 planches. 3.50

GAGNAIRE. — **Culture extensive de la pomme de terre
Early rose** et de ses congénères. Broch. in-12 de 48 pages. » .50

GASPARIN (comte de). — **Cours d'agriculture, tomes III
et IV** : cultures spéciales, céréales, plantes légumineuses,
plantes-racines, tinctoriales, textiles, fourragères, etc. (voir
page 3.)

GUÉRIN. — **Le Phylloxera et les Vignes de l'avenir.** 1 fort
vol. in-8° de 348 pages. . . . . 4. »

—— **Congrès et excursions viticoles**, les vignes américaines. 1 vol. in-18 de 200 pages. 1.50

—— **Instituts et pépinières viticoles.** Broch. in-8° de 30 p. » .50

GUYOT (Jules). — **Culture de la vigne et vinification.** 2ᵐᵉ éd.
1 vol. in-18 de 426 pages et 30 grav. 3.50

—— **Viticulture de la Charente-Inférieure.** 1 vol. in-4°
de 60 pages 2.50

—— **Viticulture de l'est de la France.** 1 vol. in-4° de 204
pages et 46 grav. 3.50

—— **Viticulture du sud-ouest de la France.** 1 vol. in-4° de
248 pages et 89 gravures. 4.50

HEUZÉ (Gustave). — **Plantes alimentaires**, comprenant les
plantes céréales (blé, seigle, orge, avoine, maïs, riz, millet,
sarrasin et céréales des régions équatoriales), les plantes légumineuses (haricot, dolic, fève, lentille, gesse, pois), les plantes des régions intertropicales et les gros légumes (carotte,
betterave, etc., etc.). Deux volumes in-8° ensemble de 1328
pag. et 244 grav.; avec un atlas grand in-8° jésus contenant
102 épis de céréales, gravés sur acier, grandeur naturelle. . 30.»

—— **Plantes industrielles.** 2 vol. in-8° ensemble de 888 pages
avec 63 grav. sur bois et 20 planches coloriées.

1ʳᵉ partie (épuisée) : plantes oléagineuses, tinctoriales,
salifères, à balais, condimentaires, à cardes et d'ornement
funéraire.

2ᵐᵉ partie : plantes textiles, narcotiques, à sucre et à alcool, aromatiques et médicinales. 510 pages, 41 grav. noires, 10 pl. coloriées. . . . . 9. »

—— Plantes oléagineuses (*Bibl. du Cult.*). 1 vol. in-18 de 180 pages et 30 grav. 1.25

—— L'Agriculture de l'Italie septentrionale, la région du maïs ; les sociétés d'irrigation, la culture du riz, de la paille à chapeaux, la pellagre, le chanvre, les plantes à balais, les arbres fruitiers, 1 vol. in-8° de 414 pages et 22 grav. . 5. »

—— Traitement des vignes malades, rapport adressé au ministre de l'intérieur en 1853. In-8° de 72 pages . . . . 1. »

—— Culture du pavot. In-18 de 44 pages. . . . . ».75

HOOÏBRENK. — Fécondation artificielle des céréales. Broch. in-8° de 24 pages. . . . . ».50

HUARD DU PLESSIS. — Le Noyer, sa culture et fabrication des huiles de noix (*Bibl. du Cult.*). In-18 de 175 p. et 45 gr. 1.25

KAINDLER. — Culture du coton en Algérie. In-18 de 24 p. ».50

LALIMAN. — Études sur les divers travaux phylloxériques et les vignes américaines. 1 vol. gr. in-8° de 200 pages. . . . . 3. »

LEPLAY. — Culture du sorgho sucré. Br. in-8° de 36 pages. 1. »

MICHAUX. — Plus d'échalas ; remplacés par des lignes de fil de fer mobiles. In-8° de 18 pages et une planche. . . ».40

MOITRIER. — Traité pratique de la culture de l'osier et de son usage dans l'industrie de la vannerie fine et commune. Broch. in-8° de 60 pages et 3 planches. . 2.50

MOUILLEFERT. — Le Phylloxera ; résultats obtenus en 1876 à la station viticole de Cognac. Br. in-12 de 55 pages. . . 1. »

ODART (Comte). — Ampélographie universelle ou Traité des cépages les plus estimés. 5ᵐᵉ éd. 1 vol. in-8° de 650 pages. 7.50

OLIVIER (Ernest). — La Chrysomèle des pommes de terre, *doryphora decemlineata*, mœurs, histoire, moyens de destruction. Broch. petit in-8° de 36 pages. . . . . . . ».75

PAPILLAUD. — Culture pratique des vignes américaines, ».75 conseils aux vignerons charentais. Broch. in-18 de 64 pages et 2 planches. . . . . ».75

PEILLARD (A.). — Méthode préservatrice de la maladie de la vigne due au phylloxera. Broch. gr. in-8° de 24 pages. . . . . ».50

PIERRE (Is.). — Recherches analytiques sur la valeur comparée de plusieurs des principales variétés de betteraves. Broch. in-8° de 46 pages . . . . . . ».70

1.

ROBERT (Gustave). — La Culture de la betterave à sucre.
Brochure grand in-8° de 40 pages. . . . . 1. »

ROHART (F.). — État de la question phylloxera ; la submersion, régénération par les semis, les cépages américains, l'asphyxie souterraine. 1 vol. in-18 de 160 pages et 16 grav. 2.50

SUTTON (Martin H.). — Ensemencement des prairies permanentes et amélioration des vieilles prairies.
In-4° de 42 pages ou tableaux avec 35 grav. 4.25

VIAS. — Culture de la vigne en chaintres. 3me édit. In-8° de 100 pages et 27 grav. 2.50

VILLE (Georges). — Maladie des pommes de terre. Grand in-8° de 32 pages. . . . . 1. »

—— La Betterave et la Législation des sucres. Grand in-8° de 48 pages et 2 planches 1.25

IV. — ANIMAUX DOMESTIQUES

(Économie du bétail, races, élevage, maladies, etc.)

Maison rustique du XIXe siècle, tome II (*voir page* 2).

Herd-Book français, registre des animaux de pur sang, de la race bovine courtes-cornes améliorée, dite race de Durham, nés ou importés en France, publié par le ministère de l'agriculture. 8 vol. in-8° ; chaque vol. se vend. . . . . 5. »
Tome Ier (épuisé). — II (1858). — III (1862). — IV (1866) 2 vol. — V (1869). — VI (1872). — VII (1874). — VIII (1876). — IX (1878).

AYRAULT. — L'Industrie mulassière en Poitou. 1 vol. in-18 de 200 pages et 3 planches . . . . 3. »

BÉNION. — Traité des maladies du cheval, notions usuelles de pharmacie et de médecine vétérinaires ; description et traitement des maladies. 1 vol. in-18 de 340 pages et 25 grav. . 3.50

—— Les Races canines ; origine, transformations, élevage, amélioration, croisement, éducation, races, maladies, taxes, etc. 1 vol. in-18 de 260 pages et 12 grav. 3.50

BIXIO (Maurice). — De l'Alimentation des chevaux dans les grandes écuries industrielles, cinq ans d'expériences sur une cavalerie de 10,000 chevaux. 1 vol. gr. in-8° de 144 pag. . 4. »

BORIE (Victor). — Les Animaux de la ferme, espèce bovine, 1 très-beau volume, grand in-4°, imprimé avec luxe, renfermant 336 pages avec 65 gravures noires intercalées dans le texte et 46 planches coloriées d'après les aquarelles d'Ol. de Penne, représentant tous les types de la race bovine.
Cartonné. . . . . 85. »
Richement relié . . . . 100. »

DAMPIERRE (de). — **Races bovines** (*Bibl. du Cult.*). 2ᵐᵉ éd. In-18 de 192 pages et 28 grav. 1.25

DENEUBOURG. — **Traité pratique d'obstétrique ou de la parturition des principales femelles domestiques**, comprenant tout ce qui a rapport à la génération et à la mise-bas. naturelle, les soins à donner à la mère et au nouveau-né, les maladies, les difficultés de part et les moyens d'y remédier. 1 vol. in-8° de 584 pages et 83 grav. 8. »

DOMBASLE (de). — **Le Bétail** (tome IV du *Traité d'agriculture*, (voir page 8). 1 vol. in-8° de 436 pages. . . . . . . 5. »

FLAXLAND. — **La Race bovine en Alsace**, études sur l'élevage, l'entretien, l'amélioration. In-8° de 124 pages. . . . . . 2. »

GAYOT (Eug.). — **Le Bétail gras et les concours d'animaux de boucherie.** In-8° de 204 pages. 3.50

—— **Mouches et Vers.** In-18 de 248 pages et 33 grav. . . . 3.50

—— **Guide du sportsman**, traité de l'entraînement et des courses de chevaux. 4ᵐᵉ éd. 1 vol. in-18 de 376 p. et 12 gr. 3.50

—— **Le Léporide et le lapin Saint-Pierre.** Broch. gr. in-8° de 72 pages. 2.50

—— **Achat du cheval**, ou choix raisonné des chevaux d'après leur conformation et leurs aptitudes (*Bibl. du Cult.*). In-18 de 180 pages et 25 grav. 1.25

—— **Poules et Œufs** (*Bibl. du Cult.*). In-18 de 216 p. et 40 gr. 1.25

—— **Lapins, lièvres et léporides.** (*Bibl. du Cult.*) In-18 de 180 pages et 15 grav. 1.25

GEOFFROY SAINT-HILAIRE. — **Acclimatation et domestication des animaux utiles.** 4ᵐᵉ éd. 1 beau vol. in-8° de 534 pages et 47 grav. . . . . 9. »

GRANDEAU (L.) — **Instruction pratique sur le calcul des rations alimentaires des animaux de la ferme**, suivie de tableaux indiquant la composition des fourrages et autres aliments du bétail. Broch. in-8° de 52 p. et 8 tableaux. 2. »

HAYS (Charles du). — **Le Merlerault**, ses herbages, ses éleveurs, ses chevaux. 1 vol. in-18 de 182 pages. . . . . . . 3. »

—— **Le Cheval percheron** (*Bibl. du Cult.*). In-18 de 176 pages. 1.25

HEUZÉ (Gustave). — **Le Porc**, historique, caractères, races; élevage et engraissement; abatage et utilisation, études économiques; 2ᵉ éd. 1 vol. in-18 de 322 pages et 50 grav. 3.50

HUARD DU PLESSIS. — **La Chèvre** (*Bibl. du Cult.*). In-18 de 164 pages et 42 grav. 1.25

JACQUE (Ch.). — **Le Poulailler**, monographie des poules indigènes et exotiques, 2ᵐᵉ éd. texte et dessins par Jacque. In-18, 360 pages et 117 grav. 3.50

JUILLET. — **Émancipation de l'industrie chevaline.** In-8° de 46 pages. 1.50

KÜHN (Julius). — **Traité de l'alimentation des bêtes bovines**, traduit de l'allemand sur la cinquième édition par F. Roblin. Petit in-8° de 300 pages et 61 grav. . . . . . 5.

LA BLANCHÈRE (de). — **Les Chiens de chasse**, races françaises et anglaises, chenils, élevage et dressage, maladies (traitement allopathique et homœopathique). 1 beau vol. gr. in-8° de 300 pag. et 53 grav. (Dessins par Ol. de Penne). . . . 6. »

    Le même, avec 8 planches coloriées. . . . . 8. »

LEFOUR. — **Le Mouton.** 1 vol. in-18 de 392 pages et 76 grav. . 3.50

——— **Animaux domestiques**, zootechnie générale (*Bibl. du Cult.*). In-18 de 154 pages et 33 grav. 1.25

——— **Cheval, Ane et Mulet** (*Bibl. du Cult.*). In-18 de 180 pages et 136 grav. 1.25

LÉOUZON. — **Manuel de la porcherie** (*Bibl. du Cult.*). In-18 de 168 pages et 38 grav. 1.25

MAGNE. — **Choix des vaches laitières** (*Bibl. du Cult.*). In-18 de 144 pages et 39 grav. 1.25

MILLET-ROBINET (Mme). — **Basse-cour, Pigeons et Lapins** (*Bibl. du Cult.*). In-18 de 180 pages et 26 grav. . . . 1.25

PELLETAN. — **Pigeons, Dindons, Oies et Canards** (*Bibl. du Cult.*). 1 vol. in-18 de 180 pages et 20 grav. 1.25

QUIVOGNE. — **Suppression de l'administration des haras.** In-8° de 64 pages. . . . . 1. »

RICHARD (du Cantal). — **Étude du cheval de service et de guerre** ; d'après les principes élémentaires des sciences naturelles appliqués à l'agriculture, 5e éd. In-18 de 590 pages. 5.50

SAIVE (de). — **L'Inoculation du bétail.** In-8° de 102 pages. . 2.50

SANSON (André). — **Traité de zootechnie**, ou Économie du bétail, nouvelle édition. 5 vol. in-18, ensemble de 2,016 pages et 236 gravures 17.50

Division de l'ouvrage :

1re Partie.	2me Partie.
ZOOLOGIE ET ZOOTECHNIE GÉNÉRALES.	ZOOLOGIE ET ZOOTECHNIE SPÉCIALES.
Tome Ier : Organisation, fonctions physiologiques et hygiène des animaux domestiques agricoles.	Tome III : chevaux, âne, mulets.
	Tome IV : Bœufs et buffles.
Tome II : Lois naturelles et méthodes zootechniques.	Tome V : Moutons, chèvres et porcs.

Chaque volume se vend séparément. 3.50

Notions usuelles de médecine vétérinaire (*Bibl. du Cult.*). In-18 de 174 pages et 13 grav. 1.25

—— Les Moutons (*Bibl. du Cult.*). In-18 de 168 p. et 56 grav. 1.25

VIAL. — Engraissement du bœuf (*Bibl. du Cult.*). In-18 de 180 pages et 12 grav. 1.25

VILLEROY. — Manuel de l'éleveur de bêtes à laine. 1 vol. in-18 de 336 pages et 54 grav. 3.50

—— Manuel de l'éleveur de bêtes à cornes (*Bibl. du Cult.*). In-18 de 308 pages et 65 grav. 1.25

WOLF. — Etude de l'alimentation rationnelle des animaux domestiques, traduit de l'allemand par Ad. Damseaux, 1 vol. in-18 de 380 pages ou tableaux 3.50

ZUNDEL. — Transport des animaux par chemins de fer, améliorations à apporter. Petit in-8° de 56 pages. . . . 1. »

V. — INDUSTRIES AGRICOLES

Abeilles et vers à soie ; vins et boissons diverses ; arts agricoles divers.

Maison rustique du XIXᵉ siècle, tome III (*voir page 2*).

Congrès viticole et séricicole de Lyon en 1872 ; comptes rendus des travaux. In-8° de 278 pages. . . . . 5. »

ALBÉRIC (Frère). — Les Abeilles et la Ruche à porte-rayons. 1 vol. in-18 de 134 pages et 11 grav. 1.50

BOULLENOIS (de). — Conseils aux nouveaux éducateurs de vers à soie, 3ᵐᵉ édit. In-8° de 248 pages. 3.50

BOURDOUCHE. — Théorie de la fécule agricole et de ses dérivés. Broch. in-16 de 64 pages. . . . . ».75

DOYÈRE. — L'Ensilage. Petit in-8° de 48 pages . . . . . . » 75

GIRARD (Maurice). — Les Insectes utiles, abeilles et vers à soie, à l'exposition de 1867. In-8° de 39 pages. . . . 1.50

GIRET et VINAS. — Chauffage des vins, en vue de les conserver, les muter et les vieillir. 2ᵉ éd. 1 vol. in-18 de 143 p. et 3 grav. 1.25

GIVELET (Henri). — L'Ailante et son bombyx ; culture de l'ailante, éducation de son bombyx et valeur de la soie qu'on en tire. 1 vol. grand in-8° de 164 pages et 19 planches. 5. »

GUYOT (Jules). — Culture de la vigne et vinification. 2ᵉ éd. 1 vol. in-18 de 426 pages et 30 grav. 3.50

HUARD DU PLESSIS. — Le Noyer, sa culture et fabrication des huiles de noix (*Bibl. du Cultiv.*). In-18 de 175 pages, et 45 gravures. 1.25

MAGNIEN. — La Coloration artificielle des vins, études sur les moyens de déceler et de réprimer la fraude. Brochure gr. in-8° de 24 pages . . . . 1. »

MARTIN (de). — Les Fouloirs, Pompes, Pressoirs, au concours vinicole de Narbonne. 1 vol. in-8° de 68 pages avec tableaux. 2. »

—— Rapports sur l'œnotherme de M. Terrel et sur les chaudières à échauder la vigne. Br. in-8° de 24 pages avec deux planches 1.50

—— Tribut à la viticulture et à l'œnologie méridionales ; outillage, action du plâtre sur la vendange et sur le vin, les pressoirs Mabille. Broch. in-8° de 60 p. 1.50

—— La Vérité sur le plâtrage des vins. Broch. in-8° de 16 pages. ».75

MASQUARD (de). — Les Maladies des vers à soie. In-8° de 64 pages. 1.75

—— Congrès séricicole de Montpellier. Br. in-8° de 24 p. ».50

MOITRIER. — Traité pratique de la culture de l'osier et de son usage dans l'industrie de la vannerie. Broch. in-8° de 60 pages et 3 planches. 2.50

MOÑA (A.). — L'Abeille italienne, art d'italianiser les ruches communes. In-18 de 45 pages . . . . ».75

P** DE M. — Vers à soie, régénération, cause de l'épidémie, moyen de la combattre. 3me éd. In-8° de 31 pages. . 2. »

PELLETAN. — Manuel pratique du microscope appliqué à la sériciculture (procédés Pasteur). 1 vol. in-18 de 132 p. et 11 grav. . . . . 2. »

PERSONNAT. — Le Ver à soie du chêne (bombyx Yama-maï), son histoire, sa description, ses mœurs, ses produits. 4me éd. In-8° de 132 pages, 2 grav. noires, et 3 planches coloriées. 3. »

RIBEAUCOURT. — Manuel d'apiculture rationnelle, d'après les méthodes nouvelles. 1 vol. in-16 de 126 pages et 15 grav. 1.50

SAGOT (l'abbé). — Les Abeilles, leur histoire, leur culture avec la ruche à cadres et greniers mobiles. 2e édition entièrement refondue. 1 vol. in-18 de 176 pages et 13 grav. . . . . . 2. »

SÉGUIN-ROLLAND. — Soins à donner aux vins fins de la Côte-d'Or, depuis la vendange jusqu'à leur mise en consommation. Broch. gr. in-8° 20 pages et 7 grav. . . . . 1. »

TOUAILLON (fils). — La Meunerie, la boulangerie, la biscuiterie et les autres industries agricoles alimentaires : vermicellerie, amidonnerie, décortication des légumineuses, féculerie, glucoserie, rizerie, huilerie, chocolaterie, conserves alimentaires, margarine et moutarde avec un chapitre sur le broyage des engrais. 1 beau vol. in-8° de 504 pages . . . . 7. »

Vergnette-Lamotte (de). — **Le Vin**, 2ᵉ éd. 1 vol. in-18 de 402 pag.,
31 grav. noires et 3 planches coloriées 3.50

VI. — GÉNIE RURAL. — DRAINAGE, IRRIGATIONS. — MACHINES ET CONSTRUCTIONS AGRICOLES.

Maison rustique du XIXᵉ siècle, tomes Iᵉʳ et IV (*voir page 2*).

Barral. — **Drainage des terres arables**. 3ᵉ éd. 2 vol. in-18.
ensemble de 960 pages, 443 grav. et 9 planches . . . . . 7. »

—— **Législation du drainage, des irrigations et autres améliorations foncières permanentes**. 1 vol. in-18
de 664 pages, avec 18 grav. et 1 planche 7.50

Bertin. — **Des Chemins vicinaux**. In-8° de 111 pages . . . 1. »

—— **Code des irrigations**. 1 vol. in-8° de 182 pages . . . . 3. »

Breton. — **Manuel théorique et pratique du défrichement**. In-8° de 400 pages. . . . . 4. »

Duplessis. — **Traité de nivellement**, comprenant les principes généraux, la description et l'usage des instruments, les opérations et les applications. 1 vol. gr. in-8° de 364 p. et 112 fig. 8. »

Gasparin (comte de). — **Cours d'agriculture**, tomes II, III et VI, constructions rurales, mécanique agricole, machines, etc. (Voir page 3).

Goussard de Mayolles. — **Moissonneuses, faucheuses et râteaux à cheval en 1873**, au concours international de Brizay. 1 vol. gr. in-8° de 216 pages avec gravures. . . 4. »

Grandvoinnet. — **Constructions rurales : les Bergeries ;** dispositions diverses, constructions, matériel meublant. 1 vol. in-18 de 314 pages et 169 grav. . . . . 5. »

Lambot-Miraval. — **Observations sur les moyens de reverdir les montagnes et de prévenir les inondations**. In-8° de 66 pages et 1 planche. . . . . . .

Lecouteux. — **Labourage à vapeur et labours profonds**, résultats du concours international de Petit-Bourg en 1867. 1 vol. grand in-8° à deux colonnes de 96 pages et 14 grav. . 3. »

LEFOUR. — **Culture générale et instruments aratoires** (*Bibl. du Cultiv.*). In-18 de 174 pages et 135 grav 1.25

—— **Comptabilité et géométrie agricoles** (*Bibl. du Cult.*). In-18 de 214 pages et 104 gravures 1.25

MIDY. — **Le Drainage et l'Irrigation.** In-8° de 22 pages. . . ».50

MULLER ET VILLEROY. — **Manuel des irrigations.** 1 vol. in-18 de 263 pages et 123 grav . . . . : . . 3.50

TRANIÉ. — **De l'Arrosage pratique,** canal d'irrigation de Lestelle. Broch. gr. in-8° de 36 pages et 3 planches. . . . . 3. »

VIDALIN (F.). — **Pratique des irrigations** en France et en Algérie (*Bibl. du Cult.*). In-18 de 180 pages et 22 grav. . . . 1.25

VIGNOTTI. — **Irrigations du Piémont et de la Lombardie.** 1 vol. in-18 de 94 pages . . . . ».75

VII. — ÉCONOMIE RURALE. — SYSTÈMES DE CULTURE ET COMPTABILITÉ. — MÉLANGES D'AGRICULTURE (*Voyages, annales, congrès, enquêtes. — Études agricoles appliquées à des régions particulières et monographies d'exploitations rurales.*)

Maison rustique du XIXᵉ siècle, tome IV (*voir page 2*).

Agenda agricole, aide-mémoire publié à Genève par L. Archinard et H. de Westerweller. 2.50

Almanach du Cultivateur, par les Rédacteurs de la *Maison rustique.* 192 pages in-32 et nomb. grav . . . . . ».50

Annales de l'Institut agronomique de Versailles.
1ʳᵉ Partie : Rapports sur l'administration, par Lecouteux ; sur l'alimentation du bétail, par Baudement ; sur les insectes nuisibles aux colzas, par Focillon ; etc., etc. In-4° de 272 p. et 3 planches. . . . . 5. »
2ᵐᵉ Partie : Recherches sur l'alucite des céréales, par Doyère. In-4° de 146 pages et 3 planches. 3.50

Congrès de la Société des agriculteurs de France, tenu à Châteauroux en 1874, compte rendu des travaux publié par M. Damourette. 1 vol. gr. in-8° de 412 pages avec grav. 4. »

Congrès viticole et séricicole de Lyon en 1872, comptes rendus des travaux. In-8° de 278 pages. . . . . . 5. »

Enquête sur l'agriculture française, par une réunion de députés. 1 vol. in-8° de 246 pages. 2.50

GIRARDIN. — Mélanges d'agriculture. 2 vol. in-18, 1094 p.   5. »

GRANDEAU. — Annales de la station agronomique de l'Est, chimie et physiologie appliquées à la sylviculture. 1 vol. grand in-8° de 414 pages . . . .   9. »

GUILLON. — Vade-mecum de l'agriculteur provençal. 2me édit. In-16 de 136 pages. . . . .   2. »

HAVRINCOURT (marquis d'). — Notice sur le domaine d'Havrincourt. 1 vol. in-8° de 200 pages, 31 grav. 2 plans coloriés.   15. »

HEUZÉ (Gustave). — Assolements et systèmes de culture. 1 vol. in-8° de 536 pages avec nombreuses gravures. . .   9. »

—— L'Agriculture de l'Italie septentrionale. 1 vol. in-8° de 414 pages et 22 gravures. . . . .   5. »

—— Influence des croisades sur l'agriculture au moyen-âge. Broch. in-8° de 23 pages. . . . . . .   ».50

JOIGNEAUX (P.). — Causeries sur l'agriculture et l'horticulture, 2me édit. 1 vol. in-18 de 403 pages et 27 grav. .   3.50

—— Les Chroniques de l'agriculture et de l'horticulture (années 1867-1868-1869) publiées sous la direction de P. Joigneaux. 3 vol. in-4° ensemble de 864 pages. . . . .   10. »

KERGORLAY (de). — Exploitation agricole de Canisy. Broch. grand in-8° de 24 pages et 52 grav. . . . .   1. »

LAVAUX (S.). — L'Inséparable du négociant en grains, et graines, du minotier et de l'agriculteur, barème relatif aux grains, farines, etc. 1 vol. relié de 164 pag. où tableaux.   5. »

LAVERGNE (de). — Économie rurale de la France depuis 1789. 1 vol. in-18 de 490 pages 3.50

—— Essai sur l'économie rurale de l'Angleterre, de l'Écosse et de l'Irlande. 1 vol. in-18 de 480 pages. . . .   3.50

—— L'Agriculture et la Population. 1 vol. in-18 de 472 pages.   3.50

—— L'Agriculture et l'Enquête. Grand in-8° de 48 pages. .   1. »

LECOUTEUX (Ed.). — Cours d'économie rurale.

    Tome Ier. La situation économique : les richesses sociales, la population, la propriété, la terre, le capital, l'État, le régime agricole, industriel et commercial.

    Tome II. Constitution des entreprises agricoles. L'entrepreneur, le domaine, les forces motrices, le travail, le bétail, les engrais, le capital d'exploitation, les systèmes de culture. Les entreprises de culture intensive et extensive, les défrichements de landes, les entreprises viticoles ; administration et comptabilité de l'entreprise.

    Deux vol. in-18 ensemble de 984 pages. . . . .   7. »

—— Principes de la culture améliorante. 1 vol. in-18 de 432 pages. 3.50

—— La Question du blé et le gouvernement. In-8° de 32 pages. . . . . 1. »

—— La République et les Campagnes. In-8° de 70 pages. . 1. »

LEFOUR. — Comptabilité et géométrie agricoles (*Bibl. du Cultiv.*). In-18 de 214 pages et 104 grav 1. 25

LÉOUZON. — Réforme de l'enseignement agricole. In-8° de 27 pages. . . . . 1. »

LIEBIG. — Lettres sur l'agriculture moderne, traduites par le docteur Théodore Swarts. 1 vol. in-18 de 244 pages. . 3. 50

LULLIN DE CHATEAUVIEUX. — Voyages agronomiques en France. 2 vol. in-8°, ensemble de 1,032 pages. . . . . 12. »

LURIEU (de) ET ROMAND. — Études sur les colonies agricoles de mendiants, jeunes détenus, orphelins et enfants trouvés (Hollande, Suisse, Belgique et France). 1 vol. in-8° de 462 pages. 7. 50

MARCHAND (Eugène). — Notice sur les aménagements agricoles, exécutés en Normandie aux fermes de Lisors et d'Amfreville-sur-Iton. Grand in-8° de 40 pages et 17 figures. 1. »

MÉHEUST. — Économie rurale de la Bretagne. In-18 de 220 p. 2. 50

PERRÊT. — L'Agriculture et l'Enseignement primaire. In-8° de 28 pages. . . . . ». 60

PERRIN DE GRANDPRÉ. — Crédit agricole et Caisses d'épargne. In-8° de 48 pages . . . . 1. »

PICHAT et CASANOVA. — Examen de la question agricole en Dombes. In-8° de 72 pages avec tableaux. 1. 50

RIONDET. — Agriculture de la France méridionale, ce qu'elle a été, ce qu'elle est, et pourrait être. In-18 de 384 p. 3. 50

RONDEAU. — Projet de crédit agricole. 1 vol. in-8° de 236 pages. 2. »

SAINT-AIGNAN (de). — La Crise agricole, prise de loin et vue de haut. In-8° de 32 pages. . . . . 1. »

SAINT-MARTIN. — Le Crédit agricole. In-8° de 40 pages. . . . 2. »

—— De la Mendicité et des dépôts de mendicité. In-8° de 93 pages. . . . . 3. »

—— L'Institution des caisses d'épargne, son développement dans les communes rurales. In-8° de 19 pages. . . . . 1. »

SAINTOIN-LEROY. — Cours complet de comptabilité agricole.

1° *Manuel de comptabilité agricole pratique*, en partie simple et en partie double, troisième édition, avec modèle des écritures d'une exploitation rurale pour une année entière. 1 vol. gr. in-8° et tableaux de 192 p. 3. »

2° *Comptabilité-matières de l'agriculteur*, Complément du *Manuel de comptabilité agricole pratique*, suivie du *Livre du travail*, et d'une *Méthode abrégée de tenue des livres agricoles en partie simple*. 1 vol. gr. in-8° de 144 pages, avec nombreux tableaux. . . . . 4.

3° *Comptabilue simplifiée, agricole et commerciale*, mise à la portée de la moyenne et de la petite culture, suivie de la *Comptabilité spéciale des marchands et des artisans*, à l'usage des écoles primaires de garçons et de filles. 1 vol. gr. in-8° et tableaux, de 96 pages . . . .   2. »

4° *Pratique de la tenue des livres en agriculture*; l'économie rurale et la comptabilité. 1 vol. grand in-8° de 156 pages et tableaux. . . . . .   8. »

Registres pour la grande et la moyenne culture.

Registre-Mémorial de l'agriculteur (comptabilité-matières), réunion de tous les tableaux nécessaires à la constatation de tous les faits d'une exploitation rurale. 1 vol. gr. in 4° oblong. . . . .   3. »
Livre de caisse (comptabilité-espèces), registre en tableaux. Gr. in-4° obl.   2.50
Journal, registre en blanc réglé et folioté. 1 vol. gr. in-4° oblong . . .   2.50
Grand-Livre, registre en blanc réglé et folioté. 1 vol. gr. in-4° oblong.   3. »
Cahier simplement quadrillé. 1 vol. petit in-4° oblong. 1.25
Comptabilité de la petite culture à l'aide d'un seul livre dit Mémorial-caisse, à l'usage de l'enseignement élémentaire de la comptabilité agricole dans les écoles primaires. In-4° oblong 1.25

Registres pour la comptabilité simplifiée.

Registre unique du cultivateur pour l'application de la comptabilité simplifiée. 1 vol. petit in-4° oblong, de 100 pages. . . . .   2. »
Le même, moins fort, pour les écoles . . . .   » 60
Livre de caisse des marchands. 1 vol. petit in-4° oblong . . . . . .   2. »
Livre de caisse des artisans. 1 vol. petit in-4° oblong . . . .   2. »

Chaque volume ou registre se vend séparément.

SCHWERZ. — **Manuel de l'agriculteur commençant** (*Bibl. du Cult.*) traduit par Villeroy. In-18 de 332 pages. 1.25

TUROT (Paul). — **L'Enquête agricole de 1866-1870 résumée**, ouvrage honoré d'une médaille d'or par la société nationale d'agriculture. 1 vol. grand in-8° de 520 pages. .   8. »

VIII. — BOTANIQUE — HORTICULTURE

Maison rustique du XIX° siècle, tome V (*voir page 2*).

Almanach du jardinier, par les rédacteurs de la Maison rustique. 192 pages in-32 et nombreuses grav . . . . .   ».50

Le Bon Jardinier (126° *édition*), almanach horticole pour 1880, par Poiteau, Vilmorin, Bailly, Decaisne, Naudin, etc.,

Principes généraux de culture. — Calendrier du jardinier ou indication, mois par mois, des travaux à faire dans les jardins. — Description, histoire et culture des plantes potagères, fourragères, économiques. — Céréales. — Arbres fruitiers. — Oignons et plantes à fleurs. — Arbres, arbrisseaux et arbustes utiles et d'agrément. — Vocabulaire des termes de jardinage et de botanique. — Jardin des plantes médicinales. — Tableau des végétaux groupés d'après la place qu'ils doivent occuper dans les parterres, bosquets, etc.

(La 1re *édition* du *Bon Jardinier* est antérieure à 1755 : une édition nouvelle a été publiée régulièrement chaque année depuis 1755, à deux exceptions près : 1815 et 1871.

Cet ouvrage a été couronné par la Société centrale d'horticulture.

Un vol. in-18 de plus de 1600 pages. . . . .

Gravures du Bon Jardinier. 23ᵉ édition, contenant :

Principes de la botanique. — Marcottes, boutures, greffe et taille des arbres. — Appareils de la culture forcée. — Construction et chauffage des serres. — Outils et appareils de jardinage. — Composition et ornementation des jardins.

Un volume in-18 de plus de 600 pages avec plus de 700 planches ou gravures. . . . . 7. »

ANDRÉ (Ed.). — **Plantes de terre de bruyère,** description, histoire et culture des Rhododendrons, Azalées, Camellias, Bruyères, Epacris, etc. 1 vol. in-18 de 388 pages et 31 grav. 3.50

AUDOT. — **Traité de la composition et de l'ornementation des jardins.** 6ᵉ éd. représentant en plus de 600 fig. des plans de jardins, modèles de décoration, machines pour élever les eaux, etc. 2 vol. in-4° oblong avec 168 planches gravées. 25. »

BENGY-PUYVALLÉE. — **Culture du pêcher.** 1 vol. in-18 de 230 pages et 3 planches 3.50

BONCENNE. — **Cours élémentaire d'horticulture** (*Bibl. des écoles primaires*). 2 vol. in-12 ensemble de 310 pages et 85 grav . . 1.50

BOSSIN. — **Les Plantes bulbeuses,** espèces, races et variétés avec l'indication des procédés de culture (*Bibl. du Jard.*). 2 vol. in-18 ensemble de 324 pages. 2.50

CARRIÈRE. — **Guide pratique du jardinier multiplicateur,** ou art de propager les végétaux par semis, boutures, greffes, etc. 2ᵉ éd. 1 vol. in-18 de 410 pages et 85 grav. 3.50

—— **Encyclopédie horticole.** 1 vol. in-18 de 550 pages . . 3.50

—— **Entretiens familiers sur l'horticulture.** 1 vol. in-18 de 384 pages. 3.50

—— **Les Pépinières** (*Bibl. du Jard.*). In-18 de 134 p. et 29 grav. 1.25

—— **Production et fixation des variétés dans les végétaux.** 1 vol. in-8° de 72 pages avec 13 grav. et 2 pl. col. . 2. »

—— **Les Arbres et la Civilisation.** In-8° de 416 pages. . . 5. »

—— **Variétés de pêchers et de brugnonniers,** description et classification. Grand in-8° de 104 pages et 1 planche. . . 2. »

—— **Nomenclature des pêches et brugnons.** Petit in-8°, 68 pages . . . . 1. »

—— **Origine des plantes domestiques,** démontrée par la culture du radis sauvage. In-8° de 24 pages et 11 grav. . . . 1. »

CHABAUD. — **Végétaux exotiques cultivés en plein air** dans la région des orangers. Gr. in-8° de 48 pages. . 1. »

COURTOIS. — **Conférence sur l'arboriculture fruitière des jardins.** In-8° de 64 pages et 14 gr. . . . . 2. »

DANZANVILLIERS. — **Les Gesnériacées,** culture et multiplication. In-18 de 84 pages. . . . . 1. »

DECAISNE ET NAUDIN. — **Manuel de l'amateur des jardins,** traité général d'horticulture. 4 vol. petit in-8° ensemble de plus de 3000 pages, comprenant plus de 800 fig. . . . . 30. »

Chaque volume se vend séparément 7.50

DELCHEVALERIE. — **Les Orchidées,** culture, propagation, nomenclature (*Bibl. du Jard.*). In-18 de 134 pages et 32 grav. . 1.25

—— **Plantes de serre chaude et tempérée;** Construction des serres, culture, multiplication, etc. (*Bibl. du Jard.*). In-18 de 156 pages et 9 grav. 1.25

DUPUIS. — **Arbrisseaux et Arbustes d'ornement de pleine terre** (*Bibl. du Jard.*). In-18 de 122 pages et 25 grav. . . 1.25

—— **Arbres d'ornement de pleine terre** (*Bibl. du Jard.*). In-18 de 162 pages et 40 grav 1.25

—— **Conifères de pleine terre** (*Bibl. du Jard.*). In-18 de 156 pages et 47 grav. 1.25

DUVILLERS. — **Parcs et Jardins,** ouvrage honoré des souscriptions du ministère de l'agriculture, et de plusieurs souverains étrangers, récompensé de 21 médailles ou diplômes, 2 vol. grand in-folio, sur beau papier ensemble de 160 pag. de texte avec 80 planches imprimées avec luxe représentant les plans de squares et jardins publics, de parcs particuliers, jardins paysagistes, fruitiers, potagers, écoles pratiques de drainage et de botanique, etc.

Avec planches noires . . . . 200. »
Avec planches coloriées . . . . 260. »

Chaque partie, comprenant 80 pages de texte et 40 planches se vend séparément :

En noir, 100 fr. — En couleur, 130 fr.

ÉCORCHARD (Dr). — **Nouvelle Théorie élémentaire de la botanique,** suivie d'une analyse des familles des plantes qui croissent en France ou qui y sont généralement cultivées et d'un dictionnaire des termes de botanique. 1 vol. in-18 de 520 pages et 210 gr. . . . . 6. »

—— **Flore régionale,** des plantes qui croissent spontanément ou sont généralement cultivées en pleine terre dans les environs de Paris et les départements maritimes du Nord-Ouest et du Sud-Ouest de la France. 1 vol. in-18 de 900 pages. . . 12. »

GAUDRY. — **Cours pratique d'arboriculture.** 1 vol. in-12 de 304 pages et 16 planches 2.25

HARDY. — **Taille et greffe des arbres fruitiers.** 7e éd. 1 vol. in-8° de 436 pages et 140 grav. 5 50

HÉRINCQ, JACQUES ET DUCHARTRE. — **Manuel général des plantes, arbres et arbustes,** classés selon la méthode de Candolle; description et culture de 25000 plantes indigènes

— 24 —

d'Europe ou cultivées dans les serres. 4 vol. grand in-18 jésus à 2 colonnes, ensemble de 3200 pages . . . . 36. »

Chaque volume se vend séparément . . . . 9. »

JOIGNEAUX. — **Le Jardin potager.** 1 vol. in-18 de 442 pages, illustré de 92 dessins en couleur intercalés dans le texte . . 6. »

—— **Causeries sur l'agriculture et l'horticulture.** 2e éd. 1 vol. in-18 de 403 pages et 27 grav. 3.50

—— **Conférences sur le jardinage et la culture des arbres fruitiers** (*Bibl. du Jard.*). In-18 de 144 pages . . . 1.25

—— **Traité des graines** de la grande et de la petite culture. (*Bibl. du Cult.*) In-18 de 168 pages 1.25

JOURNIAC. — **Conseils pratiques sur l'arboriculture fruitière.** In-18 de 216 pages et 30 grav. . . . . 3. »

LACHAUME. — **Les Poiriers, Pommiers et autres arbres fruitiers,** méthode élémentaire pour les tailler et les conduire. 1 vol. in-18 de 284 pages et 46 grav. 2.50

— **Les Pêchers en espaliers,** méthode élémentaire pour les tailler et les conduire. 1 vol. in-18 de 212 pages et 40 grav. 2. »

—— **Le Rosier,** culture et multiplication (*Bibl. du Jard.*). In-18 de 180 p. et 34 grav. 1.25

—— **Le Champignon de couche,** sa culture bourgeoise et commerciale, récolte et conservation (*Bibl. du Jard.*). In-18 de 108 pages et 8 grav. 1.25

LEBOIS. — **Culture du chrysanthème.** In-18 de 36 pages. . . ».75

LECOQ. — **Fécondation naturelle et artificielle des végétaux.** 1 vol. in-8° de 428 pages avec 106 grav. et 2 pl. . 7.50

LEMAIRE. — **Les Cactées,** histoire, patrie; organes de végétation, culture, etc. (*Bibl. du Jard.*). In-18 de 140 pages et 11 grav. 1.25

—— **Plantes grasses autres que Cactées** (*Bibl. du Jard.*). In-18 de 136 pages et 13 grav. 1.25

LE MAOUT ET DECAISNE. — **Flore élémentaire des jardins et des champs,** avec les clefs analytiques conduisant promptement à la détermination des familles et des genres et un vocabulaire des termes techniques. 2 vol. gr. in-18 de 940 pages 9. »

LOISEL. — **Asperge,** culture naturelle et artificielle (*Bibl. du Jard.*). In-18 de 108 pages et 8 grav. 1.25

—— **Melon,** nouvelle méthode de le cultiver sous cloches, sur buttes et sur couches (*Bibl. du Jard.*). In-18 de 108 pages et 7 grav. 1.25

NAUDIN. — **Le Potager**, jardin du cultivateur (*Bibl. du Jard.*). In-18 de 180 pages et 34 grav. 1.25

—— **Serres et Orangeries de plein air.** In-8° de 32 pages. »,75

NOISETTE. — **Manuel complet du jardinier.** 5 vol. in-8° ensemble de 2500 pages et 25 planches. . . . . 25. »

PAILLIEUX ET BOIS. — **Nouveaux Légumes d'hiver**, expériences d'étiolement pratiquées en chambre obscure sur 100 plantes spontanées ou cultivées. 1 vol. in-18 de 128 pages. 1. »

PONCE (J.). — **La Culture maraîchère pratique des environs de Paris.** 1 vol. in-18 de 320 pages et 15 pl. . . 2.50

PRÉCLAIRE. — **Traité théorique et pratique d'arboriculture.** 1 vol. in-8° de 182 pages et un atlas in-4° de 15 planches. 5. »

PUVIS. — **Arbres fruitiers**, taille et mise à fruit (*Bibl. du Jard.*). In-18 de 168 pages 1.25

RAFARIN. — **Traité du chauffage des serres.** 1 vol. in-8° de 76 pages et 25 grav. 3.50

REMY (Jules). — **Champignons et Truffes.** 1 vol. in-18 de 174 pages et 12 planches coloriées. 3.50

ROQUES (J.). — **Traité des plantes usuelles**, spécialement appliqué à la médecine domestique et au régime alimentaire (1837). 4 vol. in-8° de plus de 200 pages. . . . . 16. »

THORY. — **Monographie du genre groseillier.** 1 vol. in-8° de 152 pages (1829) et 24 planches coloriées. . . . . . . 6. »

VIALON (P.). — **Le Maraîcher bourgeois.** (*Bibl. du jardinier*) In-18 de 128 pages. 1.25

IX. — ÉAUX ET FORÊTS. —
CHASSE ET PÊCHE

Maison rustique du XIXᵉ siècle, tome IV (*voir page 2*).

ANDRÉ (Ed.). — **Eucalyptus globulus.** In-8° 16 pag. et 2 gr. 1. »

ARBOIS DE JUBAINVILLE (d'). — **Règlement du balivage** dans une forêt particulière. In-8° de 64 pages. . . . . 2. »

—— **Observations sur la vente des forêts de l'État.** Br. in-8° de 12 pages . . . . »,50

BORTIER (P.). — **Boisement du littoral et des dunes de la Flandre.** Broch. gr. in-8° de 24 pages et 3 planches. . 2. »

BOUCHON-BRANDELY. — **Traité de pisciculture pratique et d'aquiculture** en France et dans les pays voisins, ouvrage publié avec l'encouragement du ministère de l'agriculture. 1 beau vol. grand in-8° de 500 pages avec 40 gravures et 20 planches hors texte. . . . . 20. »

BOURQUIN. — La Pêche et la Chasse dans l'antiquité ; poëme des halieutiques et des cynégétiques par Oppien de Syrie, traduction par Bourquin. 1 vol. in-8° de 248 pages. . 5. »

BURGER. — Du Déboisement des campagnes, dans ses rapports avec la disparition des oiseaux utiles à l'agriculture. Broch. in-8° de 64 pages. . . . . 1. »

——— Assèchement du sol par les essences forestières. Broch. in-8°. 1.50

——— Rapport sur la sylviculture et la faune forestière à l'Exposition universelle de 1878. Broch. in-8° de 90 pages. . 1.50

COURVAL (vicomte de). — Taille et conduite des arbres forestiers. Grand in-8° de 110 pages et 15 planches. . . 3. »

GRANDEAU. — Chimie et physiologie appliquées à la sylviculture (annales de la station agronomique de l'Est, travaux de 1868 à 1878). 1 vol. grand in-8° de 414 pages. . 9. »

GURNAUD. — Conserver les forêts de l'État et réaliser le matériel surabondant, études forestières. In-8° de 64 pages. . . . . 2. »

——— Les Bois de l'État et la dette publique. In-8° de 16 p. ».75

LA BLANCHÈRE (de). — Les Chiens de chasse, races françaises et anglaises, chenils, élevage et dressage, maladies (traitement allopathique et homœopathique). 1 beau vol. gr. in-8° de 300 pages et 53 grav. (dessins par Ol. de Penne.) . 6. »

Le même, avec 8 planches coloriées . . . . 8. »

LEVAVASSEUR. — Traité pratique du boisement et reboisement des montagnes, landes et terrains incultes. In-8° de 56 pages. 1.25

MARTINET. — Considérations et recherches sur l'élagage des essences forestières. 1 vol. in-12 de 180 pages et 41 figures. 1.50

MORANGE (Amédée). — Le Guide de l'élagueur dans les parcs et les forêts. In-18 de 144 pages et 20 fig. . . 2. »

MOULS (L'abbé). — Les Huîtres. Broch. in-18 de 100 pages. . . 1.25

RIBBE (de). — Incendies de forêts en Provence, leurs causes, leur histoire, moyens d'y remédier. In-8° de 140 pages. . 3. »

——— Réponse à l'enquête sur les incendies des forêts des Maures. In-8° de 92 pages. . . . . 2. »

ROUSSET. — Études de maître Pierre sur l'agriculture et les forêts. 1 vol. in-18 de 92 pages. . . . . 1. »

THOMAS. — Traité général de la culture et de l'exploitation des bois. 2 vol. in-8°, ensemble de 1,076 pages. . . 10. »

VAULOT. — Nouvelle Méthode d'exploitation des futaies. Broch. in-8° de 26 pages ou tableaux avec un plan. . . . . 1. »

X. — ÉCONOMIE DOMESTIQUE. — CUISINE

AUDOT (L.-E.). — La Cuisinière de la campagne et de la ville. 1 vol. in-12 de 676 pages avec 300 grav. . . . . . 3. »

DELAGARDE. — Le Pain moins cher et plus nourrissant. 1 vol. in-18 de 262 pages . . . . 3. »

EMION (Victor). — La Taxe du pain, avec préface par Victor Borie. In-8° de 168 pages . . . . 4. »

LECLERC. — La Caisse d'épargne et de prévoyance, lettres à un jeune laboureur. In-18 de 60 pages . . . . ».25

MILLET-ROBINET (Mme). — Maison rustique des dames, 11e éd. revue et augmentée. 2 vol. in-18 ensemble de 1400 pages et 289 grav. broché 7.75

Tenue du ménage.

Devoirs et travaux de la maîtresse de maison.
Des domestiques. — De l'ordre à établir.
Comptabilité. — Recettes et dépenses.
La maison et son mobilier.
Chauffage. — Éclairage.
Cave et vins. — Boulangerie et pain.
Provisions du ménage. — Conserves.

Manuel de cuisine.

Manière d'ordonner un repas.
Potages. — Jus, sauces, garnitures.
Viandes. — Gibier. — Poisson.
Légumes. — Purées. — Pâtes.

Entremets. — Pâtisserie. — Bonbons.

Médecine domestique.

Pharmacie. — Médicaments.
Hygiène et maladies des enfants.
Médecine et chirurgie.
Empoisonnements. — Asphyxie.

Jardin. — Ferme.

Disposition générale du jardin.
Jardin fruitier, potager, fleuriste.
Calendrier horticole.
La ferme et son mobilier.
Nourriture. — Éclairage.
Basse-cour. — Abeilles et vers à soie.
Vacherie. — Laiterie et fromagerie.
Bergerie. — Porcherie.

Relié, 10 fr. 75. — Relié, tranches dorées, 12 fr. 75.

—— Économie domestique (*Bibl. du Cultiv.*). In-18 de 228 pages et 77 grav 1.25

POUPON. — L'Art de ramener la vie à bon marché, et de créer des richesses incalculables. 1 vol. in-8° de 254 pages . . . 5. »

ENSEIGNEMENT PRIMAIRE AGRICOLE

Agriculture (*Petite école d'*) par P. Joigneaux. 1 vol. in-18 de 124 pages et 42 grav. cartonné toile 1.25

Agriculture (*Traité élémentaire et pratique d'*) par Laurençon. 2 vol. in-12 de 248 pages et 44 grav. 1.50

Alphabet et syllabaire, par Edm. Douay. In-12 de 64 pages et 25 grav. . . . . » 75

Arithmétique agricole, par Lefour. In-12 de 128 pages. . . » 75

Devoirs de l'homme envers les animaux, par J. Chalot. In-12 de 128 pages . . . . » 75

École des engrais chimiques, premières notions des agents de la fertilité, par Georges-Ville. In-18 de 108 pages . . . . 1. »

Histoire du grand Jacquet, métayer, par Méplain et Taisy. In-12, 144 pages . . . . » 75

Horticulture (*Cours élémentaire*), par Boncenne. 2 vol. in-12 ensemble de 310 pages et 85 gravures 1.50

Les Jeudis de M. Dulaurier, cours élémentaire d'agriculture par V. Borie. 2 vol. in-18.

    1re *année* : 108 pages et 16 grav. . . . . » 75

    2º *année* : 108 pages et 51 grav. . . . . » 75

Lectures et dictées d'agriculture, par G. Heuzé. In-12, 128 pages. . . . . » 75

Lectures choisies pour la campagne, par Halphen. In-18, 106 pages . . . . » 50

Loisirs d'un instituteur, par Vidal. In-12, 128 pages. . . . » 75

Petit questionnaire agricole à l'usage des écoles primaires des pays de pâturage, par Ed. Teisserenc de Bort. 1 vol. in-18 de 192 pages et 16 gravures, cartonné toilé à l'anglaise 1.25

Petits entretiens sur la vie des champs, par P. Joigneaux. In-18 de 112 pages avec grav., cartonné. . . . . » 60

300 problèmes agricoles, par Lefour. In-18, 36 pages. . . . » 50

Sept tableaux muraux pour l'enseignement agricole. 1º Outils de main-d'œuvre : — 2º Instruments d'extérieur de ferme ; — 3º Instruments d'intérieur de ferme ; — 4º Plantes alimentaires et industrielles ; — 5º Plantes fourragères ; — 6º Arbres fruitiers et forestiers ; — 7º Animaux domestiques. 1.80

    Chaque tableau se vend séparément. . . . . . . » 30

BIBLIOTHÈQUE AGRICOLE ET HORTICOLE

42 VOLUMES A 3 FR. 50

A. B. C. de l'agriculture pratique et chimique, par Perny de M***. 4ᵉ éd. 360 pages.

Agriculture et la population (l'), par L. de Lavergne. 472 pag.

Agriculture de la France méridionale, par Riondet. 484 pag.

Alimentation rationnelle des animaux domestiques (Étude de l'), par Wolf, traduit de l'allemand par Damseaux. In-18 de 380 pages ou tableaux.

Berquin agricole (le Petit) ou dialogues ruraux entre un fermier, sa famille, ses serviteurs divers et quelques amis spéciaux, par L. Félizet. In-18 de 416 pages et 12 pl.

Bêtes à laine (Manuel de l'éleveur de), par Villeroy. 336 p., 54 grav.

Causeries sur l'agriculture et l'horticulture, par Joigneaux. 403 pages, 27 grav.

Champignons et Truffes, par J. Remy. 174 pages, 12 pl. coloriées.

Culture améliorante (Principes de la), par Ed. Lecouteux. In-18 de 432 pages.

Douze mois (les), Calendrier agricole, par V. Borie. 380 p., 80 gr.

Économie rurale (Cours d'), par Ed. Lecouteux. 2 vol. de 984 pag.
Tome Iᵉʳ : La situation économique.
— II : Constitution des entreprises agricoles.
(*Ces deux volumes ne se vendent pas séparément.*)

Économie rurale de la France depuis 1789, par L. de Lavergne. 490 pages.

Économie rurale de l'Angleterre, de l'Écosse et de l'Irlande, par L. de Lavergne. 480 pages.

Encyclopédie horticole, par Carrière. 550 pages.

Engrais chimiques, par Georges Ville. 2 vol.
Tome Iᵉʳ : Entretiens de 1867, 4ᵉ édit. 1 vol. in-18 de 412 pages, 4 gr. et 2 planches.
— II : Les engrais chimiques, le fumier et le bétail, nouveaux entretiens agricoles 1874-1875, 1 vol. in-18 de 420 pages et deux tableaux in-folio.

Entretiens familiers sur l'horticulture, par Carrière. In-18 de 384 pages.

Irrigations (Manuel des), par Muller et Villeroy. 263 p. et 123 grav.

Jardinier multiplicateur (Guide pratique du), par Carrière. 410 pages, 85 grav.

Leçons élémentaires d'agriculture, par Masure. 2 vol.
> Tome Ier : Les plantes de grande culture, leur organisation et leur alimentation, 880 pages, 32 grav.
> — II : Vie aérienne et vie souterraine des plantes de grande culture, 477 pages, 20 grav.

Maladies du cheval (Traité des), par Bénion. In-18 de 340 pages et 25 gr.

Météorologie et physique agricoles, par Marié Davy. 400 pag., 53 grav.

Mouches et Vers, par Eug. Gayot. 248 pages, 33 grav.

Mouton (le), par Lefour. 892 pages, 76 grav.

Pêcher (Culture du), par Bengy-Puyvallée. 230 pages et 3 planches.

Plantes de terre de bruyère, par Ed. André. 388 p., 31 grav.

Porc (le), par Gustave Heuzé. 2e éd. 322 pages et 50 grav.

Poulailler (le), par Ch. Jacque. 360 pages et 117 grav.

Races canines (les), par Bénion. 260 pages et 12 grav.

Sportsman (Guide du), par Eug. Gayot. 376 pages et 12 grav.

Vers à soie (Conseils aux nouveaux éducateurs), par de Boullenois. 3me édit., in-8° de 248 pages.

Vigne (la), par Carrière. 396 pages et 122 grav.

Vigne (Culture de la) et vinification, par J. Guyot. 2e éd. 426 pages, 30 grav.

Vin (le), par de Vergnette-Lamotte. 402 pages, 31 grav. noires et 3 planches coloriées.

Voyage agricole en Russie, par L. de Fontenay. 1 vol. in-18 de 570 p.

Zootechnie (Traité de) ou Économie du bétail, par A. Sanson. 5 v. ensemble de 2016 pages et 236 gravures.

> Tome Ier : Zoologie et zootechnie générales : Organisation, fonctions physiologiques et hygiène des animaux domestiques agricoles.
> — II : — — Lois naturelles et méthodes zootechniques.
> — III : Zoologie et zootechnie spéciales : Chevaux, ânes, mulets.
> — IV : — — Bœufs et buffles.
> — V : — — Moutons, chèvres, et porcs.

BIBLIOTHÈQUE DU CULTIVATEUR

35 VOLUMES IN-18 A 1 FR. 25

Agriculteur commençant (Manuel de l'), par Schwerz. 332 p.

Animaux domestiques, par Lefour, 154 pages et 33 gravures.

Basse-cour, Pigeons et Lapins, par Mᵐᵉ Millet-Robinet. 5ᵐᵉ édition. 180 pages, 26 grav.

Bêtes à cornes (Manuel de l'éleveur de), par Villeroy. 308 p. et 65 gr.

Calendrier du métayer, par Damourette. 180 pages.

Champs et les Prés (les), par Joigneaux. 154 pages.

Cheval (Achat du), par Gayot. 180 pages et 25 grav.

Cheval, Ane et Mulet, par Lefour. 180 pages et 136 grav.

Cheval percheron, par du Hays. 176 pages.

Chèvre (la), par Huard du Plessis. 164 pages et 42 grav.

Chimie du sol, par le Dʳ Sacc. 148 pages.

Chimie des végétaux, par le Dʳ Sacc. 220 pages.

Chimie des animaux, par le Dʳ Sacc. 154 pages.

Comptabilité et géométrie agricoles, par Lefour. 214 pages et 104 grav.

Comptabilité de la ferme, par Dubost et Pacout. 124 pages.

Culture générale et instruments aratoires, par Lefour. 174 pages et 135 grav.

Économie domestique, par Mᵐᵉ Millet-Robinet. 228 p. et 77 gr.

Engrais chimiques (Pratique des), par L. Mussa. 144 pages.

Engraissement du bœuf, par Vial. 180 pages et 12 grav.

Fermage (estimation, baux, etc.), par de Gasparin. 3ᵉ éd. 216 pages.

Graines de la grande et de la petite culture (Traité des), par P. Joigneaux. 168 pages.

Irrigations (Pratique des), par Vidalin. 180 pages, 22 grav.

Lapins, lièvres et léporides, par Eug. Gayot. 180 pages et 15 gravures.

Médecine vétérinaire (Notions usuelles de), par Sanson. 174 pages et 13 grav.

Métayage, par de Gasparin. 2ᵉ édition. 164 pages.

Moutons (les), par A. Sanson. 168 pages et 56 grav.

Noyer (le), sa culture, par Huard du Plessis. 175 pages et 45 grav.

Pigeons, Dindons, Oies et Canards, par Pelletan. 180 p. et 20 gr.

Plantes oléagineuses (les), par G. Heuzé. 180 pages et 30 grav.

Porcherie (Manuel de la), par L. Léouzon. 168 pages et 38 grav.

Poules et Œufs, par E. Gayot. 216 pages et 40 grav.

Races bovines, par Dampierre. 2ᵉ édit. 192 pages et 28 grav.

Sol et Engrais, par Lefour. 176 pages et 54 grav.

Travaux des champs, par Victor Borie. 188 pages et 121 grav.

Vaches laitières (Choix des), par Magne. 144 pages et 39 grav.

BIBLIOTHÈQUE DU JARDINIER

18 VOLUMES IN-18 A 1 FR. 25

Arbres fruitiers. Taille et mise à fruit, par Puvis. 167 pages.

Arbres d'ornement de pleine terre, par Dupuis. 162 p., 40 gr.

Arbrisseaux et Arbustes d'ornement de pleine terre, par Dupuis. 122 pages et 25 grav.

Asperge. Culture, par Loisel. 108 pages et 8 grav.

Cactées, par Ch. Lemaire. 140 pages, 11 grav.

Champignon de couche (le), par J. Lachaume. 108 pages et 7 grav.

Conférences sur le jardinage et la culture des arbres fruitiers, par Joigneaux. 144 pages.

Conifères de pleine terre, par Dupuis. 156 pages et 47 grav.

Maraîcher bourgeois (le), par P. Vialon. 128 pages.

Melon, Nouvelle méthode de le cultiver, par Loisel. 108 pag. et 7 gr.

Orchidées (les), par Delchevalerie. 134 pages, 32 grav.

Pépinières (les), par Carrière. 134 pages et 29 grav.

Plantes bulbeuses, espèces, races et variétés, par Bossin. 2 vol. ensemble de 324 pages.

Plantes grasses autres que Cactées, par Ch. Lemaire. 136 p., 13 gr.,

Plantes de serre chaude et tempérée, par Delchevalerie. 156 pages, 9 grav.

Potager (le), jardin du cultivateur, par Naudin. 180 pag., 34 grav.

Rosier (le), par Lachaume. 180 pages et 34 grav.

45ᵉ ANNÉE. — 1881

JOURNAL

D'AGRICULTURE PRATIQUE

MONITEUR DES COMICES, DES PROPRIÉTAIRES, ET DES FERMIERS

(Seconde partie de la *Maison rustique du dix-neuvième siècle*)

Fondé en 1837 par Alexandre Bixio

Paraissant toutes les semaines par livraisons de 48 pages, grand in-8° à deux colonnes, et formant chaque année deux beaux volumes in-8° ensemble de 1900 pages avec plus de 250 gravures noires.

Rédacteur en chef : E. LECOUTEUX.

Propriétaire-Agriculteur

MEMBRE DE LA SOCIÉTÉ NATIONALE D'AGRICULTURE
PROFESSEUR D'ÉCONOMIE RURALE A L'INSTITUT NATIONAL AGRONOMIQUE
SECRÉTAIRE GÉNÉRAL DE LA SOCIÉTÉ DES AGRICULTEURS DE FRANCE
MEMBRE HONORAIRE DE LA SOCIÉTÉ ROYALE D'AGRICULTURE D'ANGLETERRE.

Secrétaire de la rédaction : *A. de Céris.*

PRINCIPAUX COLLABORATEURS : MM. Bouley, Boussingault, Sainte Claire-Deville, Drouyn de Lhuys, Duchartre, Dumas, Hervé-Mangon, Naudin, Pasteur, membres de l'Institut ;

MM. de Béhague, Bouchardat, de Bouillé, de Dampierre, Gayot, Heuzé, Magne, de Vibraye, membres de la Société nationale d'agriculture.

MM. Bobierre, Chazely, Chesnel, Convert, Damourette, Dʳ George, Grandeau, Victor Lefranc, Eug. Marie, Marié-Davy, Millardet, Mouillefert, Is. Pierre, Grandvoinnet, P. Joigneaux, Poillon, Rampont, Risler, Touaillon, Turgan, de Vergnette-Lamotte, G. Ville, et un nombre considérable d'agriculteurs, de savants, d'économistes, d'agronomes de toutes les parties de la France et de l'étranger.

UN AN : 20 fr. — SIX MOIS : 10 fr. 50

Les abonnements partent du 1ᵉʳ janvier ou du 1ᵉʳ juillet

PRIX DE L'ABONNEMENT D'UN AN POUR L'ÉTRANGER

Pays de l'Union postale. Iʳᵉ catégorie. . . 20 fr.

Pour tous les autres pays. . 25 fr.

La Librairie agricole possède encore quelques collections complètes du *Journal d'Agriculture pratique* (de 1837 à 1880).

Prix de la collection complète : 71 vol. . . . . . 680 fr.

Envoi franco d'un *Numéro spécimen* à toute personne qui en fait la demande.

53ᵉ ANNÉE. — 1881

REVUE HORTICOLE

JOURNAL D'HORTICULTURE PRATIQUE

FONDÉE EN 1829 PAR LES AUTEURS DU BON JARDINIER

Paraissant le 1ᵉʳ et le 16 de chaque mois par livraison grand in-8° de 24 pages à deux colonnes, avec une planche coloriée, et des gravures sur bois; et formant chaque année un beau volume in-8° de 480 pages avec 24 planches coloriées et de nombreuses gravures noires.

Rédacteur en chef : E.-A. CARRIÈRE

Chef des pépinières au Muséum d'histoire naturelle.

PRINCIPAUX COLLABORATEURS : MM. André, Aurange, Baltet, Barillet, Batise, Boncenne, Briot, Buchetet, Carbou, Castillon (cᵗᵉ de), Chabaud, Daveau, Denis, Devansaye (de la) Delchevalerie, Du Breuil, Dumas, Dupuis, Ermens, Faudrin, Gagnaire, Glady, Godefroy, Gumbleton, Hardy, des Héberts, Hélye, Hénon, Houllet, Kolb, Jamain, Lachaume, Lambin, Lhérault, Margotin, Martins, May, Messager, de Mortillet, Nardy, Naudin, Neumann, d'Ounous, Palmer, Pulliat, Quétier, Rafarin, Rivière, Roué, Sisley, Ternisien, Thomas, Truffaut, Vallerand, Vavin, Verlot, Vilmorin Weber, etc.

UN AN : 20 fr. — SIX MOIS : 10 fr. 50

Les abonnements partent du 1ᵉʳ janvier ou du 1ᵉʳ juillet

PRIX DE L'ABONNEMENT D'UN AN POUR L'ÉTRANGER

Pays de l'Union postale. Iʳᵉ catégorie. . . 20 fr.

Pour tous les autres pays. . 25 fr.

La Librairie agricole ne possède pas de collection complète (1829 à 1879) de la *Revue horticole*; mais elle possède encore un petit nombre de collections depuis 1861, c'est-à-dire depuis que la *Revue* est publiée dans le format actuel, gr. in-8°.

Prix de la collection de 1861 à 1880 : 19 vol . . . . 380 francs

Envoi franco d'un *Numéro spécimen* à toute personne qui en fait la demande.

TABLE ALPHABETIQUE DES NOMS D'AUTEURS

AVIS IMPORTANT

La Librairie agricole, ne pouvant ouvrir un compte à toutes les personnes qui s'adressent à elle, est forcée de n'exécuter que les commandes accompagnées de leur paiement.

Toute commande de livres doit donc être accompagnée du montant de sa valeur et des **frais de port** quand l'envoi doit être expédié par la poste. Ajouter pour ces frais de port 0 fr. 25 au montant de toute commande inférieure à 2 fr. 50, et 10 % du montant de la commande au dessus de 2 fr. 50.

Nos clients peuvent payer leurs commandes par l'envoi de billets de banque ou timbres-poste, mandats-poste dont le talon sert de quittance, chèques ou mandats sur Paris, à l'ordre du *Directeur de la Librairie agricole de la Maison rustique.*

Conditions spéciales offertes à nos abonnés.

Les abonnés du *Journal d'Agriculture pratique* et de la *Revue horticole*, ont droit à une remise de 10 % sur tous les livres qu'ils viennent prendre directement à Paris, à la Librairie agricole, — ou à l'envoi franco, si ces livres doivent être expédiés en province ou dans un pays faisant partie de *l'Union postale.*

Pour les abonnés de France seulement, les commandes de plus de 50 francs sont expédiées *franco* et sous déduction d'une remise de *dix pour cent.*

La commande doit toujours être accompagnée du montant de sa valeur.

On ne reçoit que les lettres affranchies.

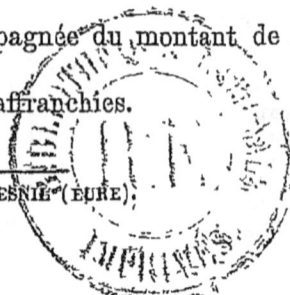

TYPOGRAPHIE FIRMIN-DIDOT. — MESNIL (EURE).

EXTRAIT DU CATALOGUE DE LA LIBRAIRIE AGRICOLE

BIBLIOTHÈQUE DU CULTIVATEUR

35 VOLUMES IN-18 A 1 FR. 25

Agriculteur commençant (Manuel de l'), par Schwerz. 332 p.

Animaux domestiques, par Lefour, 154 pages et 33 gravures.

Basse-cour, Pigeons et Lapins, par Mme Millet-Robinet. 5me édition. 180 pages, 26 grav.

Bêtes à cornes (Manuel de l'éleveur de), par Villeroy. 308 p. et 65 gr.

Calendrier du métayer, par Damourette. 180 pages.

Champs et les Prés (les), par Joigneaux. 154 pages.

Cheval (Achat du), par Gayot. 180 pages et 25 grav.

Cheval, Ane et Mulet, par Lefour. 180 pages et 136 grav.

Cheval percheron, par du Hays. 176 pages.

Chèvre (la), par Huard du Plessis. 164 pages et 42 grav.

Chimie du sol, par le Dr Sacc. 148 pages.

Chimie des végétaux, par le Dr Sacc. 220 pages.

Chimie des animaux, par le Dr Sacc. 154 pages.

Comptabilité et géométrie agricoles, par Lefour. 214 pages et 104 grav.

Comptabilité de la ferme, par Dubost et Pacout. 124 pages.

Culture générale et instruments aratoires, par Lefour. 174 pages et 135 grav.

Économie domestique, par Mme Millet-Robinet. 228 p. et 77 gr.

Engrais chimiques (Pratique des), par L. Mussa. 144 pages.

Engraissement du bœuf, par Vial. 180 pages et 12 grav.

Fermage (estimation, baux, etc.), par de Gasparin. 3e éd. 216 pages.

Graines de la grande et de la petite culture (Traité des), par P. Joigneaux 168 pages.

Irrigations (Pratique des), par Vidalin. 180 pages, 22 grav.

Lapins, lièvres et léporides, par Eug. Gayot. 180 pages et 15 gravures.

Médecine vétérinaire (Notions usuelles de), par Sanson. 174 pages et 13 grav.

Métayage, par de Gasparin. 2e édition. 164 pages.

Moutons (les), par A. Sanson. 168 pages et 56 grav.

Noyer (le), sa culture, par Huard du Plessis. 175 pages et 45 grav.

Pigeons, Dindons, Oies et Canards, par Pelletan. 180 p. et 20 gr.

Plantes oléagineuses (les), par G. Heuzé. 180 pages et 30 grav.

Porcherie (Manuel de la), par L. Léouzon. 168 pages et 38 grav.

Poules et Œufs, par E. Gayot. 216 pages et 40 grav.

Races bovines, par Dampierre. 2e édit. 192 pages et 28 grav.

Sol et Engrais, par Lefour. 176 pages et 54 grav.

Travaux des champs, par Victor Borie. 188 pages et 121 grav.

Vaches laitières (Choix des), par Magne. 144 pages et 39 grav.

Typographie Firmin-Didot. — Mesnil (Eure).